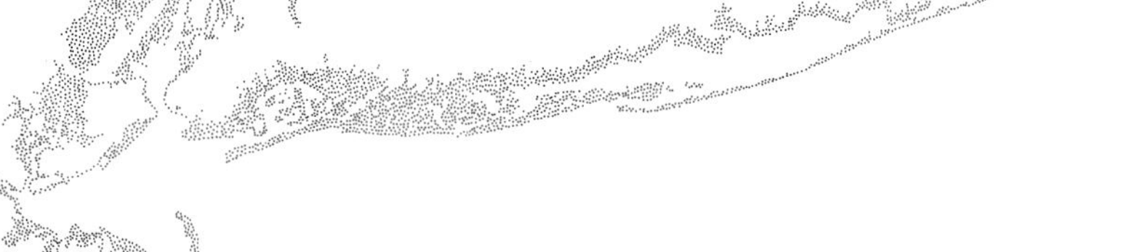

MAYA LIN: TOPOLOGIES

雕 刻 大 地

林 璎 和 她 的 艺 术 世 界

[美] 林璎 等 著　陈晓宇 奚雪松 译

湖南文艺出版社
HUNAN LITERATURE AND ART PUBLISHING HOUSE
博集天卷
CS-BOOKY

MAYA LIN:
TOPOLOGIES

自序　林璎

Topologies（英文原版书名）一词由topos（地方）和-ology（研究……的学科）构成，指的是研究某一地方的学科，具体说来，研究的是一地的地形。

选择这个书名，是因为我所有的作品——大地雕塑、博物馆展示作品、建筑和纪念碑——都包含了我对看见并且描述我们所在之地这一行为的痴迷；我关注的不仅仅是物理空间，还有一地的文化背景如何为那个场地注入意义，以及我的作品如何表达和回应这种关于地点的更宽广的概念。

我的作品平衡了对立的两极——在科学与艺术、艺术与建筑、东方与西方之间搭建桥梁。我出生在美国，父母在我出生前不久刚从中国迁过来，家的概念时常是模糊的。此处指的并非那种回家的渴望，而更像是一种追问：哪里是家？我父母童年时生活的国家——他们离开的那个中国——变化如此之大，以至于家更多变成自身回忆的一部分，而不属于如今这个时代。我认为身兼教授和管理者的父母都有一种错置感——他们并没有完全融入新的家，这确实也影响了我。但我直到20多岁乃至30岁时才意识到这一点。成长过程中，我将自己看作完完全全的美国人，生活在俄亥俄州阿森斯中西部。父母的文化背景，即我本人的东西方双重身份，深刻影响了我的作品，但意识到这一点花了我很长时间。

但是我没有适应。因此吸引我的总是事物之间的部分，这贯穿我的职业生涯并体现在我的作品中。甚至于我如何分配时间进行艺术创作与建筑设计，也成为这种二分法的例证。我喜欢对立事物的相遇之所——事物之间的界限。我认为是东西方的双重身份促使我形成了这一特质。

建筑和艺术的区别——我常常用写小说与写诗的差异做类比——在于，一个围绕着功能问题设计，另一个是完全自由且个人化的，更依赖于一个被我拆解到最低限度的纯粹概念。在我的艺术创作中，大地艺术作品有最纯粹的姿态和凭直觉感知的表达；而我的另一些艺术创作则更多开始于科学的分析和研究，接着我会跨越一大步，用手去绘制、塑造作品的形态，而这个过程又受到科学信息的极大启发。

再说纪念碑，它是真正的融合之作——一种功能性艺术。其功能是纯粹的象征和概念化的理想。

这本书的创作，我用了 30 年。自从选择以同等心力追求三个领域开始，我花费了更多时间在每个领域；这样的时间投入是必需的，如此才能让不同领域在我的创作中并存。

MYL 林璎

林璎的拓扑变换　俞孔坚

Topologies（本书英文原名）原意是地志学，现在也引申为拓扑学、拓扑结构、拓扑变换。“拓扑”指的是连续变换的几何图形或空间，而这些图形或空间的某些基本性质保持不变。除了“地志”这层含义之外，用“拓扑变换”来描述林璎的艺术创作，也可谓十分贴切了：从用绿草在大地上塑造的波浪，到玻璃废屑堆成的山丘；从大头针组成的绵延江河，到 LED 灯点缀的灿烂星空；从漫过大理石的水幕下的岁月刻度，到划过土地上的黑墙上逝者的名字；从象征一叶孤舟漂浮于海上的教堂建筑，到网络上跳动的一串串消失的物种的名字和图像……林璎用自己的方式，在艺术、建筑和纪念碑之间，创造了不断变换的作品。这些变换的作品尽管看起来天马行空、无拘无束，但在我看来，它们都有三个不变的支点：第一是理性和逻辑，第二是求真向善的伦理和价值观，第三是美的体验。

就艺术家的作品来谈科学和理性似乎很荒唐，艺术和科学历来被视作两个范畴。但我读林璎的作品时，确实看到了她右脑想象力之上的左脑逻辑。几乎每个作品，我们都可以看到其背后科学和理性的基础，包括对水波的细致观察、对水岸变化的分析、对地形的分析，以及对历史和场地的理性思考。这使她最终能将等高线、地形的模型和水岸线转化为艺术的表达，也使人工的干预能融入自然的场地。正是这种理性的逻辑，使她的艺术避免了荒诞的夸张，显得平静、流畅。

其科学思考和艺术表达的完美结合，使她能将关于大地、天空、海洋，以及人类历史与故事的科学和理性的表达，转化为能让人去体验的景观：或在其中（如《波场》），或在其下（如《线条景观》《系统化景观》），或在其旁（如《地志景观》）。

林璎作品背后的伦理和价值观是其打动人们灵魂的核心力量。她的作品几乎涵盖了当代美国和国际社会所有有重大社会意义的题材：战争与和平，种族和女性的权利及平等，土著问题，环境保护，全球气候变化及物种消失，等等。爱——对大自然的爱，对生命的爱，是所有这些主题作品的核心。在她的作品里，我们看不到愤怒，看不到憎恨，看不到复仇，甚至看不到谴责，也没有英雄主义的讴歌——哪怕是在关于战争和种族主义的纪念碑中，我们所能读到和感受到的是西方世界的基督精神和东方世界的菩萨心肠。正是这种大爱，使她的作品能直指人心，比任何恨与暴力的武器都更有力。例如越战纪念碑，在抛光后的大理石上，死者的姓名与生者的面孔两相照应的瞬间，唤起的正是对人类同胞的生命的爱；她在《什么正在消失？》这件作品中所传递的是对逝去和即将逝去的非同类生命的爱！

美的体验让林璎的作品具有不可抵御的诱惑。美学家将美分为壮美和优美两种，前者与关乎生存的恐怖和危险联系在一起，而后者与人类的爱联系在一起。所以，纪念碑，尤其是战争和斗争的纪念碑，往往与前者联系在一起。而在林璎的作品中，似乎只有优雅的美、宁静的美，它们散发的芳馨如空谷之幽兰，给人的体验如沐浴春风般清新。她可以把史诗般的悲壮，通过水一样的语言，转变为亲切宜人的体验；就连最严峻的主题，在她手下也变成了禅院树下的偈语。欣赏她的作品，犹如隔墙听到一位优雅的东方女性，独自于静谧庭院中吟诵。尽管林璎并不觉得这是其占据近半部晚清-民国史的家族的基因所致，但不可否认，正是其骨子里的东方禅意与诗性，让她的作品如此高雅而优美！正是大爱，让她能融咆哮为潺湲，化铿锵成委婉。

2016 年 2 月 14 日 星期日 于燕园

俞孔坚，北京大学建筑与景观设计学院首任院长、教授，美国艺术与科学学院院士，中国城市科学研究会副理事长。

CONTENTS

目录

自序 / 林璎 004

林璎的拓扑变换 / 俞孔坚 006

序言 / 约翰・麦克菲 012

内部、外部和中间 / 林璎 018

记忆之作 I

《越战阵亡将士纪念碑》 022

出自大地

波场 / 迈克尔・布兰森 038

《场中的折叠》 046

“波场”系列 052

“大地绘画”系列 076

阅读大地

扭转潮流 / 莉萨・菲利普斯 094

装置艺术——倾泻之作 102

线条景观 118

“河流”系列 132

《玻璃之下，一座山的个性》 146

绘制地图

林璎的时间 / 达娃・索贝尔 154

《系统化景观》/《地志景观》/《水体》/《这里和那里》/《在水的边缘》/《河流与山》/《北极圈》 162

记忆之作 II

《公民权利纪念碑》 228

《女性之桌》 234

语言花园

界限之间 / 菲利普・朱迪狄奥 242
俄亥俄三部曲 250
《集会所》 262
《画室》 270
“星座”系列 280
《真理钟楼》 296

设计空间

省略的勇气 / 保罗・戈德伯格 304
雷吉奥–林奇教堂 312
朗斯顿・修斯图书馆 322
美国华人博物馆 332
盒子屋 338
私宅 1998 / 2003 348
诺瓦迪斯生物医药研究院 362

记忆之作 III

林璎的尾迹 / 威廉・L. 福克斯 376
“汇流” 384
《什么正在消失？》 410

译后记 / 陈晓宇 426

MAYA LIN:
TOPOLOGIES

序言

约翰·麦克菲

林璎曾在《界限》（2000 年）一书中说过，她的雕塑和建筑作品是在写作中构思成形。《女性之桌》（1993 年）、《公民权利纪念碑》（1989 年）、《风暴国王波场》（2009 年）、《溪流的变换》（1995—1997 年），它们皆是先用语言筑成——在她成为耶鲁的学生之前，就已经如此。

用语言想象一件艺术作品是我创作的开始。我会以书写的方式描述这个项目是什么，它想要达成什么。

1980 年，在建筑学本科课程的一堂讨论课上，她用 600 多字构想出一座位于华盛顿特区的越战老兵纪念碑，其时这纪念碑的实体尚不存在于世。而关于这座纪念碑的设计方案正在全国范围内海选，鬼使神差地，她决定参加，把这 600 多字的描述附在设计草图上寄了出去。

这份影印的手写稿，全长 39 行，在《界限》这本书中占据了整整一页。

“实际上我并未真正完成它……你能看到原稿上有一些涂改，我就这样把它投了出去，从未想过会收到任何反馈……说到底，我认为是这份手写的设计说明让评委最终决定选择我的设计。”

众所周知，她同其他 27 000 多位参赛者一样，都是以无名之辈的身份参与了竞争。越战老兵纪念基金评委会找到她位于纽黑文的学生宿舍，到那里告知了她胜出的消息。

这个故事的魅力让人无法抗拒，对写作老师来说更是如此。我在普林斯顿教书的时候，将《界限》一书列入非虚构类作品的必读书目。最近的一个学期，我终于鼓起勇气邀请林璎来到我的课堂，给我的学生解读她目前的项目作品。林璎与丈夫和女儿住在纽约，但在科罗拉多有座房子，就在安肯帕格里高原上。曾于 1991 年做客我写作课的彼得·海斯勒现在与妻子和女儿住在开罗，恰巧他也在安肯帕格里高原有一座拖挂式房车。他们两家关系很好，我才能因此乘其便利，得以沉醉于林璎的魅力：她在地理上的兴趣尝试，她的大地雕塑，她以回收银铸成的河流、海峡与海湾。

她正在进行的项目《什么正在消失？》是一件前无古人的艺术作品，从多方面展示已经消失在时间长河中，以及正在消失的动植物物种。她称之为最后的纪念碑。它形状不定，却遍布全球；它栖于云端，但你可以从地面上的任何位置触碰它。起初，我难以对其产生共鸣，也无法阻止内心对其的抗拒。我已经 83 岁了（至少落笔写下这篇序言的时候是），难以领会这些新时代的技术。但我的学生，那些 20 岁上下，来自沿海和内陆 10 个州的大二学生，他们一下子就明白了。他们围着林璎提问了近 3 个小时，汲取《什么正在消失？》的展示课件与课堂讲义的精华。他们那一周的作业是写一篇林璎的小传，上至她始于俄亥俄阿森斯的成长经历（父亲是俄亥俄大学艺术系的教授，母亲则是该校英语系的教授），下至正在进行的项目《什么正在消失？》。

对林璎来说，互联网是一个绝佳媒介，但也是艺术“尚未开始推动”的媒介。

—— 伊丽莎·莫特

她将纪念碑设计视作独立的系列，并且希望这个系列最后的作品能“跳出”常规的简单结构，成为一个更复杂的混合体，纳入图像、声音、影片、事实、教育工具，以及各种形式的主张，从传统雕塑跨越到新型网站。《什么正在消失？》将人们的注意力引向因人类活动产生的污染和因碳排放而从地球上永久消失的物种、无法复原的栖息地与生态系统。林璎的这个项目已经进行了多年，但她认为自己还需要很久才会适应向公众宣传自己作品的这一行为，即便现在网页上已有零星内容可供阅览。这是公众第一次见识到她的创作过程，这对一个只喜欢闷在工作室与工作为伴，并以“隐士”自居的人来说颇为反常。

——艾莉森·坎皮恩

《什么正在消失？》展示了摄影作品、影像片段、动物叫声和自然界的声音，以及由亲历物种消失的人们讲述的故事。对故事的收集仍在继续，网站的形式也在变化，因此《什么正在消失？》是一个开放的工作室。

——韦罗妮卡·尼科尔森

19 世纪 90 年代，亚特兰大鳕鱼的平均大小甚至超过一个成年男人。纽约附近的牡蛎直径曾达到 12 英寸（约 30 厘米），龙虾有 5 英尺（约 1.5 米）长。林璎在她的新项目《什么正在消失？》中与我们分享了地球上消失的动植物的故事，她希望这些故事能推动人们采取积极的行动，阻止环境的破坏。我不确定是否所有的故事都令人信服。如果要我选一个东西让它永久消失，那应该是 5 英尺长的龙虾。

——劳伦·弗罗斯特

身处普林斯顿的教室，我同其他 15 名大二年级的学生与林璎一起围坐在桌前。但我丝毫没有分享之感，因为她与我们每个人之间都有一层独一无二的界限。当然，在林璎的世界里，界限并不意味着分隔，而是形成了一个具有创造性的流动空间，两个个体的碰撞形成了这种空间，艺术就孕育其中。我们向同一个林璎提问，但只有她和我进入了我们两个人交互的空间，仿佛进行了一场私人间的交流，依其本性，她会拓展边界，以容纳我的灵感。林璎和塔奇姆之间的交集有何特别？当她谈到艺术的未来时，我有了一种前所未有的亲切感。她说科幻小说是一种强有力的预言媒介，听到这里我激动得几乎昏倒。我读科幻小说，也写科幻小说。她说这话的时候，我想到了威廉·吉布森的《间谍之国》，在小说中，艺术家和建筑师的工作是设计存在于互联网世界的虚拟事物。

——塔奇姆·威廉斯

林璎的手随着话语波浪一样起伏——一只手上升到顶端，另一只手也就会跟着上去填补空位，仿佛在以慢半拍的节奏模仿前一只手的动作。

——蕾切尔·威尔逊

林璎举止端庄，但亲切随和，不时露出微笑，或释放一串大笑。她看上去已经知道了问题的答案，尽管问题还没问完，她似乎已经解决了提出的任何问题。3个小时的对话中，她没有用类似“就是”或“呃”这类词语。

——艾莉森·坎皮恩

她身材娇小，戴着常规款式的眼镜，穿着麻花纹的毛衣，但她镇住了全场。她的声音比预想的要低沉，理性的锐利目光似乎在质疑一切，包括成为一名艺术家在当下意味着什么。

——伊丽莎·莫特

林璎把她的建筑比作一部小说，一套主题成熟、经过精心谋篇布局的作品架构。她的雕塑作品却不需要那么多准备，或许像诗歌那样，只需有感而发。

——奥利维娅·罗宾斯

她刚开始展示这件作品的时候，我无法理解它为何会被称为艺术。它看上去似乎是信息的集合，更像一本书而非一首诗。对于我的质疑，她的回答是：能向一个艺术家提出的最差的问题就是："它完成了吗？"

——摩根·纳尔逊

《什么正在消失？》像是一座未来的纪念碑，它哀悼尚可阻止的暴行，至少是在一定程度上阻止。如果说《什么正在消失？》成功地激起变化，那将来便没有什么需要去悼念了。这个作品最伟大的目标就是让自身变得不被需要。

——劳伦·弗罗斯特

林璎将互联网本身视作一个艺术空间，一个可见的、新的建筑场地，一个最适于创作号召全人类行动的作品的场地。我觉得，尽管生物多样性减少和气候失调的现状不容乐观，但有林璎在，我们就不用担心。

——塔奇姆·威廉斯

献给丹尼尔、茵迪雅和蕾切尔。

特别感谢对本书做出贡献的各位：

感谢我的哥哥林谭带我进入诗歌与写作的世界。

感谢保罗·戈德伯格、迈克尔·布兰森、菲利普·朱迪狄奥、威廉·L. 福克斯和莉萨·菲利普斯，他们对我的作品进行了不同角度的书写，帮我深入了解自己的作品。

感谢达娃·索贝尔和约翰·麦克菲，他们的文字让我能够重新看待自然与时间。

感谢威廉·比亚洛斯奇、埃德温娜·冯·盖尔、戴维·霍特森、尼古拉斯·本森和约翰·本森、罗伯特·希尔曼事务所和林奈·蒂利特在很多项目中给予我帮助。

还要特别感谢查尔斯·麦尔斯、埃伦·科恩、威廉·福克斯、米科·麦金蒂和詹姆斯·卡伯特·尤尔特对本书的贡献。

林璎，2015 年

INSIDE, OUTSIDE
AND IN BETWEEN

内部、外部和中间 林璎

过去的 30 年，我在艺术作品、建筑和纪念碑三者之间不断往返。或许我作为建筑师的一面更愿意划出界限，独立地看待每一件作品，然而上述每一个领域对另外两个领域都有启发和影响。我将自己的作品看作一个连接这三个领域的三角支架，如果把其中一个从中剔除，那我也将不再完整。

我创作艺术作品与建筑作品的过程截然不同：艺术创作如同写诗，而建筑设计的过程更像写小说。在艺术创作中，我努力保持简单的姿态或尽可能纯粹的想法；而在建筑设计中，我会在秉持根本理念的同时逐渐构建其功能，推进项目进度。纪念碑，是真正意义上的融合——它有建筑的功能性，而其功能却是概念层面的。

贯穿我所有作品的一条线索是对自然世界的爱与敬仰。同时我发现自己对事物之间的领域很感兴趣，对立的事物在这里相遇：科学 / 艺术，东方 / 西方，理性的 / 直觉的，艺术 / 建筑，公共 / 私人。

在每一个领域我都创作了室内和室外空间作品。在艺术创作上，我的精力主要放在大型沉浸式环境作品上。这些作品是改变人与大地的关系的试验，对大地进行雕塑和将其进行精妙的系统化是主要手段。与此同时，我也进行小型工作室作品的创作，它们时常成为大型作品的灵感来源。创作小型作品也是测绘过程，是对自然世界更为科学化的研究，能将以科学方法收集的数据和以手绘的方式对这些数据进行的直觉式的呈现融入实际作品。

我对设计的兴趣将我引向建筑和户外公共花园两个领域。在建筑设计方面，将建筑整合进景观一直是我的兴趣所在。我曾通过塑造围护结构来试验建筑与景观的融合，营造给人围合感的室外空间。它既不是建筑，也不是景观，而是介于两者之间，在它们相互交织的地带，人们可以同时体验两者的特性。这些作品框住了景观，同时向景观开放，让人重新感受与户外的联系。

我也一直在探索，如何在居住空间中灵活地设置更小、更有亲密感的区域，将对场地的冲击降至最低。我全心投入可持续性设计之中，在能耗和材料方面都是如此。我选择每一种材料的时候，都会考虑它可以怎样增进使用者与自然世界之间的联系。我的很多景观项目都是重建城市中被忽略或者没有充分利用的场地，最终让这些城市空间重现活力。这些景观设计也和纪念碑有一种特殊的联系，而我也无法自拔地挖掘每一个场地更深层次的历史与文化内涵。

在每个领域，我都以 3、5 或 7 的作品数量组成系列，由此传递理念。这让我得以通过不同尺度的变化对一种形式和概念展开历时研究。纪念碑也是一个 5 件作品的系列，我目前正着手进行最后两座纪念碑的建造：一座聚焦太平洋西北地区北美原住民的历史和问题，即“汇流”项目；另一座是已经开始的《什么正在消失？》，关注的是环境问题。

创作个人第一件作品——《越战阵亡将士纪念碑》——的时候，我将以何种方式找到自己的声音，对地形、语言、时间和历史的兴趣会陪伴我多久，我都一无所知。那时我还没有意识到我的作品竟与大地交融得如此紧密。

MARION B ANDLER
LONNIE A DYKES
JOHN F HARDMEYER
RONALD W RASH
WILLIAM J GULLEY
CLAYTON W NEAVES
THOMAS E TAYLOR
STANLEY M GIESIE
STEPHEN E KRAJESKI
DANNY RAY SCHMIDT
HENRY E COPE
LEWIS F HUGHES II
CHARLES A BROOKS
MAURILIO MENDEZ
JOHN C TOBIAS
ROBERT L SEARGENT
CHARLES D MAHONEY
PHILIP CASTILLO
ROY J HOLMGREN
RODRICK A SKEINS
FRANK C ZONAR Jr
HERBERT L JOHNSON
CHARLES E THORNTON
RICHARD J GRIEME
JOSEPH P LUTZ
MELVIN N RUTHERFORD

JUAN M REYNA · RICHARD W DOD
· ELROY SIMMONS · JOHNNY M R
· PATRICK T DE WULF · DAVID W AYERS · DAVID M TESH
· RAYMOND C THOMPSON · DENNIS F FISHER · BILL G BROWNING
· LEON D WITHERSPOON · DENNIS R LEVIS · CHRISTOPHER
· FRANCIS E MAUNE · PETER P HUK · FRANK L ASHER · DAVID J MA
· GARETH M SILVER · RICHARD M PEARL · DAVID E JOHNSON
· PHILLIP G WRIGHT · MARVIN L WAGNER · DONALD R W
· MARK G DRAPER · DANNY JOE FRIES · JOHN M BABICH
· STEVEN A OLSON · GEORGE R KELLEY · LARRY E G
· KENNETH W SLAUGHTER · WILLIAM A PAHISSA · LYLE A KLOEK
· LARRY A GATLIFF · LAUREN W STANDRI · THOMAS R S
· MITCHELL JONES Jr · KENNETH P TANNER · PAUL L HAINING · TERRY
· ROBERT L BOLAN · WILFRED W W
· EDWARD F GLENN Jr · HARRY J BO
· WILLIAM L SAWYER Jr · KENNETH D HAMME
· WILLIAM A FAUGHT Jr · GREG D STEVENSON
· SALVADOR LEAL Jr · TIMOTHY M GREELEY · PAUL A
· ROBERT W WARD · DONALD R SIMON · JA
· WILLIAM D CHAMBLEE · J V WATSON · MARTIN W W
· JIMMY H MERCER · WALTER W HAMILTON · ROBE
· RICHARD W PENNINGTON · STEVEN B MILLS
· ALTON L STEGALL · LARRY W RASEY · MAR
· DOUGLAS P ATKINS · JAMES E TAYLOR · GREGORY C THO
· GRADY L EILAND · TERRENCE R BILLINGS · MICHAE
· JAMES W HUDSON · LEONAR
· HARVEY R NEAL · JOSEPH R NEHL
· GEORGE F BEELER · LAURENCE G BROWN · ROBERT N
· FRANK M PASCARELLA · KEVIN M FRYE · AND
· ALAN K BARTON · OTIS C MORGAN · DICKIE C CU
· GERALD M VETRANO · TIMOTHY A W
· STEPHEN W BANCROFT · ROGER
· WALTER B GOLOMBESKI · RICKY J HILLS · DA
· ROY W MARLATT · PLEASANT McCRAY Jr
· DAVID A ALLEN · DONALD E AUTEN · CLYDE J BALL
· JEROLD FRANKLIN · EDISON A HARKINS III · HA
· VINCENT PINAULA MOREHAM · CLYDE L TENSLEY · LE
· WILLIAM R SCHROEDER · TIMOTHY M
· E AUSTIN · JAMES M DOTY · ANDREW G

记忆之作 I

《越战阵亡将士纪念碑》 022

《越战阵亡将士纪念碑》，华盛顿特区，1982 年

我的一位同学看到了越战纪念碑设计竞赛的海报。因为刚刚完成一项二战纪念碑设计的作业，我们决定用这个竞赛设计来结束课程。

二战纪念碑设计研究的时候，我注意到以往战争纪念碑往往强调胜利，而非每一位士兵的生命，一直到欧洲的一战纪念碑，情况才有所改变——这些纪念碑列出了所有在战争中失去生命的士兵的名字。那时还没有引入身份牌，而随着现代战争的爆发，根本没法辨认并确定那么多士兵的身份，因此很多纪念碑无法列出所有被杀害的士兵姓名，来纪念在战争中消失的生命。

这些事情深深地震撼了我，我知道我要创作一件作品，也强调这些个体生命。

整个圣诞节假期我都在观察越战纪念墙的选址场地，我有了一股将大地切开的冲动。想象中，我切开大地，打磨切面，像一座晶洞。

同时刚收到的竞赛指导上规定，要列出所有阵亡士兵的名字，且纪念碑本身要与政治无关，同时引发思考。我的设计是两面黑色花岗岩墙，立于地平线以下，按时间顺序刻上在越南战争中献出生命的男男女女。在两墙相接的最高点，1959 年和 1975 年（分别标志战争的开始和结束）“相遇”了，围合成这场战争的时间环。退伍回国的老兵能在墙上找到属于他或她的时间，所有的参观者都能在名字之间看到自己的倒影。

我想让这座纪念碑在每一位观者和那些名字之间建立独一无二的联系。这件作品将视线直接引向林肯纪念堂和华盛顿方尖碑，三者从物理和历史两个方面结为一体。学期结束了，同年春天我决定以这个设计

参加竞赛，并非我有一丝赢的想法，而是我想说一些话，让这座纪念碑个体化、人性化，同时聚焦个人的体验。我想忠实反映时间，反思我们同战争和损失的关系。

巧的是，提交设计的几周前，我的导师之一文森特·斯库利在我选修的一门课上提到了我研究过的一座一战纪念碑——鲁琴斯在蒂耶普瓦尔为纪念索姆河战役中牺牲的英国士兵而建的纪念碑。他把这座纪念碑描述成一段旅程，终点是对损失的觉察。我意识到他描述的这种体验与我设计的越战纪念碑如此相似，尽管形式上毫无相同之处。课上我就开始为设计撰写文字——直接在参赛板上手写（现在还能看到一些涂改），然后提交了设计。

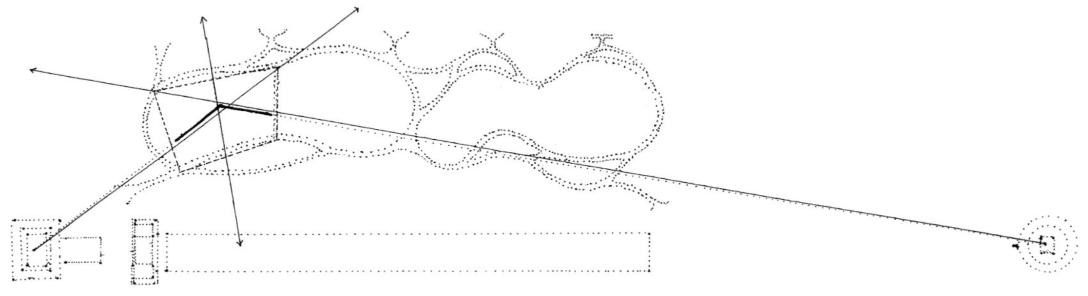

□ 《越战阵亡将士纪念碑》设计方案，总平面图，1981 年

□ 《越战阵亡将士纪念碑》设计方案草图和说明，1981 年

Walking through this park-like area, the memorial appears as a rift in the earth - a long, polished black stone wall, emerging from and receding into the earth. Approaching the memorial, the ground slopes gently downward, and the low walls emerging on either side, growing out of the earth, extend and converge at a point below and ahead. Walking into the grassy site contained by the walls of this memorial we can barely make out the carved names upon the memorial's walls. These names, seemingly infinite in number, convey the sense of overwhelming numbers, while unifying those individuals into a whole. For this memorial is meant not as a monument to the indivual, but rather as a memorial to the men and women who died during this war, as a whole.

The memorial is composed not as an unchanging monument, but as a moving composition, to be understood as we move into and out of it; the passage itself is gradual, the descent to the origin slow, but it is at the origin that the meaning of this memorial is to fully understood. At the intersection of these walls, on the right side, at this wall's top is carved the date of the first death. It is followed by the names of those who have died in the war, in chronological order. These names continue on this wall, appearing to recede into the earth at the wall's end. The names resume on the left wall, as the wall emerges from the earth, continuing back to the origin, where the date of the last death is carved, at the bottom of this wall. Thus the war's beginning and end meet; the war is "complete", coming full circle, yet broken by the earth that bounds the angle's open side, and contained within the earth itself. As we turn to leave, we see these walls stretching into the distance, directing us to the Washington Monument to the left and the Lincoln Memorial to the right, thus bringing the Vietnam Memorial into historical context. We, the living are brought to a concrete realization of these deaths.

Brought to a sharp awareness of such a loss, it is up to each individual to resolve or come to terms with this loss. For death is in the end a personal and private matter, and the area contained within this memorial is a quiet place meant for personal reflection and private reckoning. The black granite walls, each 200 feet long, and 10 feet below ground at their lowest point (gradually ascending towards ground level) effectively act as a sound barrier, yet are of such a height and length so as not to appear threatening or enclosing. The actual area is wide and shallow; allowing for a sense of privacy and the sunlight from the memorial's southern exposure along with the grassy park surrounding and within its wall contribute to the serenity of the area. Thus this memorial is for those who have died, and for us to remember them.

The memorial's origin is located approximately at the center of this site; its legs each extending 200 feet towards the Washington Monument and the Lincoln Memorial. The walls, contained on one side by the earth are 10 feet below ground at their point of origin, gradually lessening in height, until they finally recede totally into the earth at their ends. The walls are to be made of a hard, polished black granite, with the names to be carved in a simple Trajan letter, 3/4 inch high, allowing for nine inches in length for each name. The memorial's construction involves recontouring the area within the wall's boundaries so as to provide for an easily accessible descent, but as much of the site as possible should be left untouched (including trees). The area should be made into a park for all the public to enjoy.

《越战阵亡将士纪念碑》设计方案说明译文

行走在这片公园，纪念碑好似大地上的一道裂痕——一条长长的黑色抛光石墙，从大地之中慢慢浮现，又渐渐没入大地。走近纪念碑的过程中，地面缓慢倾斜向下，从任意一边都是，墙体从地面升起，向前延伸，在前方低处汇成一点。走进纪念碑墙体围合的草坪，很难看清墙上雕刻的名字。这些名字，似乎数也数不清，密密麻麻，让人喘不过气——那是一个个生命，不是一个个数字。这座纪念碑不是献给某个人，而是纪念战争中失去生命的所有人，男人和女人。

这座纪念碑并没有被打造成为一个永恒不变的瞬间，而是一个活动的作品，需要我们在进出之间去解读它。通道本身是一道缓坡，缓慢地降至起点，但正是在这起点，纪念碑的意义得到充分展现。两面墙的交界处，右侧上方刻着第一位阵亡士兵牺牲的日期，紧接着按照时间顺序刻上阵亡士兵的姓名。名字随着墙体一起消失在大地尽头，又随左侧墙体从地面浮现，再度回到原点，墙根刻着最后一位阵亡士兵牺牲的日期。于是，战争的开端和结束相遇了，成了一个“完整”的圆，而这个圆被大地切割形成一个钝角，其他部分又融于大地之中。转身准备离去的时候，两面墙伸向远处，将我们的目光引向左侧的华盛顿纪念碑和右侧的林肯纪念堂，也将越战纪念碑带入历史。我们活着的人，清楚地感受到这些生命的逝去。

带着这份强烈的逝去感，每个人自行决定，是排遣这种感觉还是与之和解。死亡终究是个人的事情，纪念碑围成的区域是一块安静的地方，适合回顾与反思。黑色的花岗岩墙长200英尺（约61米），最低处距离地面10英尺（约3米）（逐渐升至地面高度）——有效阻隔外界声音，这样的高度和长度并不会带给人威胁或封闭的感觉。实际的场地开阔、平缓，既能提供私密感，又能接受纪念碑南面的阳光，周围草坪环绕，墙内地面亦是如此，为这里再添一份宁静。所以，纪念碑献给那些逝去的生命，也供我们缅怀逝者。

纪念碑的起点大约位于场地的中心，碑体朝着两侧的华盛顿纪念碑和林肯纪念堂各延伸 200 英尺。两道墙都是单面嵌入大地，起点处高 10 英尺（从地面向下），高度逐渐降低，直至一端没入大地。墙体计划用质地坚硬的抛光黑色花岗岩筑成，用朴素的 Trajan 字体刻上阵亡将士的名字，字体高度 3/4 英寸（约 2 厘米），每个名字预留出 9 英寸（约 23 厘米）的长度。纪念碑的建设需要重塑墙体围合范围内的地形，并修一条可行走的坡道。但场地大部分区域要尽可能保持原样（包括树木），整个场地应建成一座供众人游乐的公园。

TOM J CRESS ·
LEY Jr ·
ERRIHEW ·
RG ·
V PENDELL ·
OXX ·
ZEL ·
NDREW ·
STEPHAN ·
MAN ·
IAIN ·
N ·
SIG ·
D Jr ·
S ·

DONALD L BAKER · FREDERICK N BAKER · BILLY GENE HA
· MICHAEL L WILDES · EDGAR C BROWN · FRANCISCO X S
JACKIE W SANFORD · JOHN R SCHUMANN · AARON H W
LEROY A BOURGEOIS · JAMES M GEHRIG Jr · TYRRELL G L
ROBERT L ARMOND · ALBERT F ROBERTS · EDWARD J AN
FRANK P WATSON · HAROLD A ATCHER · JOHN R BALL ·
ROBERTO SAMANIEGO · JAMES L TALLEY · CLAYTON L CR
ALBERT S KNIGHT III · CHARLES K LOVELACE · JOHN E MC
EUGENE D FRANKLIN · THOMAS C VAN CAMPEN · CHARL
DOUGLAS H D'ORSAY · MICHAEL E WIDENER · MICHAEL
PETER MONGILARDI Jr · CLARENCE M NEWCOMB · ROBE
· ROBERT A BUTZ · ARTHUR B EUSTACE Jr · JOSEPH P GRUG
GEORGE P ZUPANCIC · CARL E JACKSON · BILLIE L ROTH ·
EARL G DOWNEY · CHARLES G DUDLEY · ROBERT L LAIRD
THOMAS R AMES · RUBIN F BRADLEY · SAMUEL P CHAMB
NATHANAEL LEE · MARVIN N LINDSEY · DENNIS S PITSEN
DOUGLAS WAUCHOPE · WILLIAM F COVEY Jr · JOHN W F
JOSEPH E PARKER Jr · BERNARD E TURNER · PAUL R WINDL
JAMES C SHERIFF Jr · ALVIN CHESTER · WILLIAM F EISENBR
HENRY A MUSA Jr · ALLEN L HOLT · ROBERT D STEPANOV ·
DAVID L HOWARD · ALLEN I JOHNSON · McARTHUR JOH
· JOHNIE E RICE Jr · THOMAS A SANDERS · JOHN D SHAW ·
EDWARD J ALMEIDA · RICHARD C BRAM · PAUL J BRUNO
CHARLES D KEARNEY · LARRY GENE MOODY · HERBERT S
IGNACIO ALMANZAR Jr · WILLIAM L BROWN · WILLIAM E
CLIFFORD A ROBERTS · MARSHALL D HOLMAN · SHERMA
LUIS R JIMENEZ · THOMAS E BLUBAUGH · BRIAN J GAUTH
FRANK S REASONER · KENNETH L REMMERS · ELGIN L STIR
FRED TAYLOR · ROBERT P DIONNE · JAMES E PARMELEE · D
JAMES M PENNY · PATRICK SPIKER Jr · RICHARD L ZICHEK ·
ROGER PELIKAN · DAVID L ROSE · MALCOLM A AVORE · JO
· HARRY COHEN · LUIS A MIRANDA-CUEVAS · VIRGIL L STEP
STANLEY P KIERZEK · CLAYTON J MANSFIELD Jr · ERIE A MA
JOHN P DAVIS · JOHN C HARRIS · CLIFFORD D MELTON · R
GARY L DICKEY · FRANCIS E GEIGER · ROSCOE H FOBAIR ·
WILLIAM J BARTHELMAS Jr · JACK G FARR · WALTER KOSKO
JACK W WEATHERBY · WILBURN D FELKINS · LAWRENCE W
LONNIE D SNOW · JOHN J DAVENPORT · MILTON K McNU
LESLIE G KING · HERMAN W SILVEE · RANDALL E FERGUSON
RICHARD E BROADHURST · ALBERT F CALP · JAMES R DYER
RICHARD L GOUDY · JERRY A JOHNSON · WILLIAM E MON
· PAUL A DEVERS · LESLIE I HILDENBRAND · LAWRENCE S MA
DONALD H BROWN Jr · ROBERT H FUELLHART · RONALD C
FREDRIC M MELLOR · GEORGE H NORTON · HARRY E THO
NORMAN E SNODGRASS · MICHAEL A LYLES · JAMES T CLA

R · LAWRENCE T HOLLAND · KENNETH L REED ·
· ROBERT D GALLUP · MICHAEL P MORITZ ·
RN · HAROLD J ROBERTS Jr · ANDREW D PARKER Jr ·
· JAMES A MARSHALL · WILLIAM E NEVILLE ·
JOE C ROBERTSON · MELVIN H SUTHONS ·
G LUCAS · JAMES L PURSER · MICHAEL J ULICSNI ·
KENNETH W PARKER · WILLIAM E CORDERO ·
R Jr · JESSE JAMES Jr · FRANK L ADAMSON ·
ENKINS · JAMES T BROWN Jr · ALFRED H COMBS Jr ·
AT · GERMAN PORTACIO ACOSTA ·
MITH · ROBERT A EIBER · CHARLES A WILLIAMSON ·
DENNIS L PIERSON · FREDERICK J SCHWANGER ·
G BUSTOS · JERRY RAY CAMPBELL ·
DON W LOCK · VINCENT F RISOLDI ·
· CHARLES W STILES · ROBERT G LANDRINGHAM ·
ER · MAURICE R HILL · ANTHONY G TATE ·
· JAMES C HENNEBERRY · HARRY W LOVE Jr ·
RANCE K JENSEN · GORDON J DEITZ Jr ·
BRYAN E GROGAN · WILLIAM A OBERG ·
N P BURNS · RUDOLPH VILLALPANE HERNANDEZ ·
· RAYMOND P MEEHAN · DURWARD F RAY ·
J WILLIAMSON · RONALD L ZINN ·
N F DINGWALL · JACK O EITEL · DONALD F MARIT ·
r · STEFAN Z STALINSKI · ROBERT J VOSS ·
ER · JAMES A HALL · LEON C STEIN ·
ILLIAMS · GLEN W BRADLEY · WILLIAM HORNER ·
ENNETH A SEISSER · DAVID D McKENZIE ·
ELIAS BELL Jr · HENRY J GALLANT ·
D R VINSON · RIGOBERTO COTO CHACON ·
L LAVERNE KEEN · DANIEL J BENNETT ·
GLASPER · SHEPHEN H PHILLIPS ·
MITCHELL L ANDERSON · FAYBERT R BRADSHAW ·
r · JOE M SALINAS · JOHNNY RAY TRIPLETT ·
BLAKELEY · OLIVER C CHASE Jr · ALBERT K KUEWA ·
UR F HAMMARSTROM Jr · LUDWIG P KOHLER ·
VARD D BROWN Jr · RALPH F GALVIN ·
DAN · CURTIS LOCKHART · PATRICK P MANNING ·
VERNARD J SMALL · DONALD D WATSON ·
LLIAM W HAIL · JOSEPH E BOWER ·
ROLD E GRAY Jr · GEORGE T VERDINEK ·
MERY · HAROLD W SHRADER · JAMES C CASTON ·
· LAVELLE M NOBLES · RICHARD J REGAN ·
US · GEORGE A DELUCA · GENE R GOLLAHON ·
JERRY W TOON · OVID K WIGGINS ·
DAVID J FELT · ROWLAND J ADAMOLI ·

RICHARD D SHAR
DONALD D HASK
CARRIER PIERRE ·
JESUS ROJAS BERN
NEIL R HANS · DA
GORDON S HUG
DOMINGO BALA
KENT D JORDAN
KENNETH W SCH
RICHARD A CO
EDDIE LEE HILL
RONALD H LU
JAMES W SIZEN
LARIS WHITE Jr
RUSSELL E HAN
CHARLES J AN
TIMOTHY H
JUSTIN M LYN
RICHARD A
RUDOLPH R
RALPH N SM
HENRY J PAW
MAGNO CA
BYRON J FO
JOSEPH T H
REBEL L HO
DAVID L KE
DANIEL J S
MICHAEL
SCIP TATE
DAVID L U
TROY B W
LARRY D
WILBUR
HAROLD
JAMES L
THOMA
EDWAR
JACKIE
RAYMO
HAROL
JACK E
FRANC
GAIL L

□ 纪念碑落成日，1982 年

出自大地

波场 / 迈克尔·布兰森 038

《场中的折叠》 046

“波场”系列 052
《波场》/《颤振》/《风暴国王波场》

“大地绘画”系列 076
《11 分钟线》/《肯塔基线》/《语言与线条之间》

MAYA LIN:
TOPOLOGIES

波场 迈克尔·布兰森

思考林璎作品复杂的简单性，纵览其作品从构思到落成的全过程，方法之一是聚焦一件作品。

《波场》位于安阿伯市密歇根大学太空工程专业弗朗西斯–泽维尔·巴格努德大楼旁边。大楼以该校太空工程系一名才华横溢的毕业生的名字命名，1986 年巴格努德在马里沙漠的一次直升机坠机事故中丧生，年仅 24 岁。[1] 林璎受他的母亲、弗朗西斯–泽维尔·巴格努德协会[2] 创始人阿尔比娜·杜布瓦鲁夫雷的委托进行了设计。

作品的核心是一片由 8 排近 50 个波形组成的约 10 000 平方英尺（约 930 平方米）的区域。第一排和最后一排各有 3 个波浪，其他各排分别是 6 个、7 个或 8 个，有些波浪高达 3 英尺（约 0.9 米）。波场的建筑材料是沙与土的混合，顶端覆盖着草皮。“她设计的方向让我很吃惊。”太空工程系的荣誉教授小托马斯·C. 亚当森评论说，他是与林璎接触最多的教职人员，“我原以为它会是钛合金的。在了解完所有种类的材料之后，她选择用泥土完成。”[3]

《波场》受欢迎的程度可媲美一片沙滩或一座游乐场。学生们在这里小憩、学习，或陷在扶手椅一样的波形凹面里面，或者坐在波峰上。孩子们将这里当作游戏的场地，玩捉迷藏；工程学院的学生在这里进行演出。这个设计从很多角度都能观赏，从每个角度看去，包括在大楼实验室里，随着光线和天气的变化，波场都有不同的呈现。像她所有的公共设计一样，波场同时鼓励沉思和运动，视觉和身体的参与没有任何等级之分。

尽管《波场》这件作品看上去平滑连绵、使人亲近，它的构成却是相互背离的。比如说，这件宽慰人心的景观雕塑（或者说一件雕刻出的景观作品，一项大地艺术，一个花园？）是从一张飞机航拍照得到启发的，照片展现的是波涛汹涌的大海。此外，一片海浪状的田野这个想法本身就不合逻辑，甚至可以说是荒唐的。但如果这些波浪让人想起安藤广重和葛饰北斋木版画中令人着迷的起伏的波涛，甚或是宋代中国山水画和瓷器上描绘的波浪图案，那么这样一个存在于美国内陆的异类，就没有丝毫不协调或不合适的感觉了。[4]海和大地看上去契合得天衣无缝，仿佛从出生开始就在一起，从未分开。在这个被陆地包围的中西部校园，这件艺术作品可以说找到了自己的家。

林璎所有的作品都与自己的生活有一种紧密的联系，尽管这种个人化的信息完全融入了作品的概念框架中，以至于连感受都很困难。波浪让外观上明显是外来物的亚洲艺术融入美国中西部景观，这种自信是林璎对一种局外人和局内人体验的回应，一代代移民和他们的子女都知晓这种体验。当被问及她的父母是否将俄亥俄州当作家乡时，林璎回答说："情绪上始终会有矛盾。什么是家？他们熟悉的家只存在于历史中。他们了解的中国……是的，有一种错位感。阿森斯从来不是真正意义上的家……他们的家不存在于我们的时空，是一个被抹去的历史时刻……作为移民的后代，你会有那种感觉：你在哪儿？家在哪儿？然后试着建造一个家。"

如果林璎不是在科学层面上对场地如此敏感，《波场》就不会看上去那么有回家的感觉。在方案构思过程中，她研究了太空工程这一学科，翻阅各种飞行、空气动力学和流体动力学的书籍，和教授们讨论航空工程的材料，以及流线型造型的本质。她说，每一个项目都像一次考前突击，她会问一堆问题。“都会有一个类似的过程。我会做很多研究……通常有两三个月，我会读读这个，读读那个。”[5]

《流体运动图册》[6]是她翻阅的其中一本书，里面展示了各种流体形态，从缓慢的流动到超音速的流动。她看到了“不可思议的湍流和波浪图案……想要飞起来，必须有阻力。所有一切都与流动有关。看到这个波浪图案，我知道就是它了”[7]。这张“奔涌的波浪”的照片以独特的方式捕捉到海洋的动态，在水与陆地，尤其是大海与其明显的对立面——沙漠之间，建立了一种直观的内在联系。

林璎对科学充满热情。“科学启发我从一个完全不同的角度看待景观。”她说。在论述作品的文章中，她写道：“斯托克斯波这类模型能够凝固和捕捉自然发生的现象，它们也直接影响了我的其他作品。但更概括地说，我认为航空照片、卫星图像、显微镜和定格动画记录器增加了一个看待环境的维度，这赋予我们——在这个世纪——新的看待世界的方式。正是这种多少基于技术的分析或者观察景观的方法，对我的作品产生了深远影响，不仅是大型户外艺术作品，工作室雕塑也是如此……我们对景观的看法，以及我们同景观的关系，已经发生了深刻变化，动力来自我们从新的有利视角（包括宏观和微观）看待这个星球的能力。20 世纪末的景观是什么？我们与自然的关系是什么？”[8]

探索身边常被视为理所当然的现象是林璎一直以来的课题。“试着观察水 30 分钟，”她说，“你将无法分辨一个波浪的开始和结束。”“它是没有尽头的。我们以为了解正在观察的对象，我们以为知道它的形状，但当你真正开始创造它，或者从它入手工作的时候，它就变得……我通过尝试重建一个物体这种方式去了解它。”

就《波场》这件作品的影响力和个性来说，艺术与科学同样重要。宏大的设计，其灵感来源往往是我们每天都会看到或赖以生存的元素或对象；但我们对于它的形状和本质关注太少，以至于感受不到特别之处，比如一张桌子（林璎的《公民权利纪念碑》和《女性之桌》）或一本书（《越战阵亡将士纪念碑》的两面墙，每一面上都刻满了名字）。这正是林璎作品吸引人的原因之一。在《波场》这件作品中，林璎采用了一个常见的形象——波浪，对波浪的转移和重置不仅赋予它个性，还让这一形象充满隐喻。对常见事物的情境重构是20世纪西方艺术的主流，马塞尔·杜尚、安迪·沃霍尔和贾斯培·琼斯等人是个中代表，不过他们都没有从自然中捕捉形象。林璎以波浪的照片为出发点，让人想到埃尔斯沃斯·凯利，他的很多油画和雕塑都以阴影的形象或建筑的形状为基础，不过这些作品没有把观者带回灵感的出发点。林璎或许更像吉赛帕·帕诺内这位贫穷艺术雕塑家，展示人类与自然进程之间的诗意关系。比如，把工人脚步对一个石头台阶经年累月的磨损与水对石头的侵蚀联系起来。帕诺内提供了一个深刻的视角，来观察人类生活与自然中随处可见的现象之间的相似之处。

但自然和艺术的引入都不足以解释《波场》的魅力。林璎说，巴格努德的照片让她想到安东尼·德·圣-埃克苏佩里最著名却最难归类的童话绘本《小王子》[9]的主人公。在那个充满爱的故事中，主人公小王子是个孩子一样的男人，从一个微小的星球降落在地球的非洲沙漠上。在那里，他遇见一个因飞机机械故障被困沙漠的成年人。小王子向成年人描述他的星球，那里有他精心照料的一朵玫瑰；他还讲他的星际旅行，旅行途中他遇到的一只睿智的狐狸和人类自恋的各种原型。小王子拟人化的讲述让看似遥远的故事变得动人，男人因此对于地球与星辰的魔力有了新的感受。

《小王子》寓言一样的叙述与《波场》的气质相似。圣-埃克苏佩里的好奇心与不造作的态度、对时机的把握与智慧（更不用说才华）让这个故事既贴近时代又超越时代，对孩子和大人都具有吸引力。这种调子也是区分林璎和罗伯特·史密森的明显标志之一。[10] 像很多现代主义作品一样，史密森的作品也传达了一种尖锐感，既破坏又创造，既悲观又乐观，既结束又开始。而《波场》，不夸张地说，是充满希望，甚至是满心欢喜的。这种上扬的调子，其关键或许在于林璎在不确定性中获得的乐趣。波浪没有开始和结束，它们是一种象征，象征一种与地球一直以来并将继续为伴的存在。在《波场》中，存在非二元的分离和没有终止的决断，最重要的是它的流动性和对大地的亲近之感，那是运动中的善意与殷勤。

1968年5月巨变之后，不确定性成为法国批判理论的支柱。罗兰·巴特1973年出版的《文本的愉悦》是推动这一理论的力量之一，其核心是质疑线性思维和与之一脉相承的排他的冲击力。不确定性也吸引了醉心亚洲文化的作曲家、写作者约翰·凯奇，同时它还是中国画的特征之一。[11]纵观中国风景画，画中的天空——不同于西方绘画——是不着墨的。天空借由丝绢或画纸的空白表现，水也是如此，有时甚至用空白表现山石质感——一种天、水、地三者的含蓄组合，一个有趣的先例，这随后被林瓔用到《波场》这件作品中。很多画作仅仅描绘一两个人物，画面的空间完全留白，不做任何铺陈，也没有任何源头或边界。看上去既不缺乏描绘，也没有过度描绘。人物或站或动，看似悬空却完全脚踏实地，在不确定的以太中。以太在中国被称作“原质之原质”，被理解为“一个体的物之所以能聚为一个体，一团体的物之所以能聚为一团体之原因，亦即此物之所以能通于彼物之原因”[12]。中国绘画空间的不确定性似乎将非空间和所有的时间——乃至时间开始之前的虚空——纳入其中。对那些通过不占有而占有的、存在于其中却不留下任何痕迹的人物来说，这就是家。[13]

在《波场》之中，不确定性成了场地。林瓔落实了它，让现实中的人也能感受到。她赋予不确定性一种道德目的，甚至是一种紧迫感，这在很多献给不确定性的歌谣中，是无法想象的。《波场》完成了这样一次证明，说明艺术的力量能够鼓励人们在一个可以让他们互相感到舒服的空间里相聚，能够信任他们以前没有认知和无法度量或控制的事物。在这样的环境里，孩子们感到安全，用发现、游戏、互通和流动的方式感受这个世界，由此产生的喜悦赋予他们灵感。

（摘录自1998年《地志景观》展览的展览手册，经作者授权使用。）

注释

[1] 有关巴格努德的信息来自弗朗西斯-泽维尔·巴格努德协会的内部通信，每两年一期在瑞士锡永出版。

[2] 弗朗西斯-泽维尔·巴格努德协会是致力于改善全球健康、教育和儿童权益的人道组织。

[3] 1997 年 12 月 5 日在安阿伯与小托马斯·C. 亚当森的谈话。

[4] 《波场》引发了很多有关亚洲的联想，这一点值得在这件作品的深入研究中展开探索。大都会艺术博物馆亚洲艺术部的马克斯韦尔·B. 赫恩不吝赐教，多次与我谈论中国艺术。在一次讨论中，他让我意识到，中国艺术中波浪图案的悠久传统可追溯到宋朝的绘画和器皿。《波场》还让人联想到禅宗园林在沙砾上耙出的纹路，后者是野口一些花园作品的灵感来源。1964 年描述大通曼哈顿银行广场的下沉庭院的时候，他写下了一段值得玩味的评论，与《波场》有关："同心圆的铺地有人会说像日本园林中耙出的沙纹的轮廓，但它其实源自更早的中国风格化的海浪。"详见戴安·阿波斯托罗斯和布鲁斯·阿特舒勒编辑的《野口勇：文章与对话》（纽约：哈利和艾布拉姆斯出版社，1994 年，p66）。

与之同样吸引人的是佛教对于世界的描述，一个"波浪的海洋"；援引自陈荣捷的《中国玄学综述》一文，文章收录于查理斯·A. 摩尔编辑的《中国思想：中国哲学和文化的精髓》（火奴鲁鲁：夏威夷大学出版社，1968 年，p135）。

[5] 出自塞克斯顿的《创造疗愈的艺术》，p5。

[6] 《流体运动图册》由弥尔顿·凡·戴克收集整理（斯坦福：抛物线出版社，1982 年）。林瓔提到的波浪图案的照片（《流体运动图册》图 194，p114）由苏明扬（音）拍摄。说明文字这样写道："这种规则的三维图案，让人想到外海的波浪。非线性的不稳定感来自一列均衡的深水二维斯托克斯波，并由此进化为从左向右传播的波长为 0.74 米的波浪。"

[7] 林瓔的这段话出自萨克斯顿的《创造疗愈的艺术》，p5。

[8] 此书将由西蒙与舒斯特出版社出版。

[9] 林瓔曾在她的文章中收录了《小王子》结尾的图片和文字。图片是小王子遥远的星球，悬在沙漠上空，其实不过是两条微微弯曲的弧线。她摘录的文字是下

面这一段："这对我来说，是世上最可爱也最悲伤的景象。这景象与前页的一模一样，但我又画了一遍，让你印象深刻。就是在这里，小王子在地球上出现，然后消失。

"仔细看，这样以后有机会去非洲沙漠的话你一定能认出这里。如果你来到这里，请停下匆忙的脚步。等一会儿，就在那颗星星下面。如果有一个小人出现，他笑着，长着金色的头发，拒绝回答问题，你就知道他是谁了。如果这些都发生了，请给我安慰；给我捎个信，让我知道他回来过。"

在第一期《弗朗西斯–泽维尔·巴格努德网络新闻：弗朗西斯–哈维·巴格努德协会杂志》的社论中，阿尔比娜·杜布瓦鲁夫雷提到儿子对圣–埃克苏佩里的喜爱，这位法国作家兼飞行员于 1944 年消失在北非的沙漠中。"他给我们呈现了飞行员在星星的指引下航行夜空的图像。"杜布瓦鲁夫雷写道。对《波场》的简单介绍也在同一期，说《波场》"让人想到安东尼·德·圣–埃克苏佩里在《小王子》里画的移动的沙丘"。

[10] 汤姆·芬克尔珀尔在 1996 年对林璎的采访中提出了调子的问题；详见芬克尔珀尔《林璎的反纪念碑作品》一文，刊登在《公共艺术评论》（1996 年秋冬第 8 期，p5—p9）。林璎在这次访谈中谈到了她的背景和对性别问题的看法，这对理解她的作品颇有帮助。

[11] 玛乔瑞·佩罗夫《不确定的诗学》（普林斯顿：普林斯顿大学出版社，1981 年）。

[12] 冯友兰《中国哲学史》（1934 年编辑；普林斯顿：普林斯顿大学出版社，1983 年，第二卷，p693）。

[13] 对林璎作品的理解，一方面可以从研究作品与史密森、理查德·塞拉、迈克尔·海泽、罗伯特·艾文、詹姆斯·特瑞尔等 20 世纪 60 年代晚期已经成熟的艺术家的关系入手，另一方面深入探索道家思想与著作也能受益良多。林璎的母亲是一位信奉道家的诗人。林璎作品中的美学空间，在我看来，受到了道家思想的深刻影响，后者与西方哲学并没有什么联系。

《场中的折叠》，新西兰凯帕拉，2013 年

《场中的折叠》是我目前最大的大地艺术作品，位于新西兰北岛的吉布斯农场。那里是一座雕塑公园。

起初我的构想是把一张简单的纸卷起形成一串不断重复的折叠的形状。在完成第三个也是最后一件波场作品(《风暴国王波场》，2009 年，详见后文）时，我想要探索新的雕塑大地的方式，不再与水密切相关，而是以一种更抽象的波浪形式和一种对地平面的操控。

场地中极度平坦且带有坡度的草地吸引了我，让我有了一股冲动，真正在这里激起简单的波浪。

草地的规模很大，为了让这个作品看上去是拔地而起的，每个高度最终定在 20—60 英尺（约 6—18 米）。

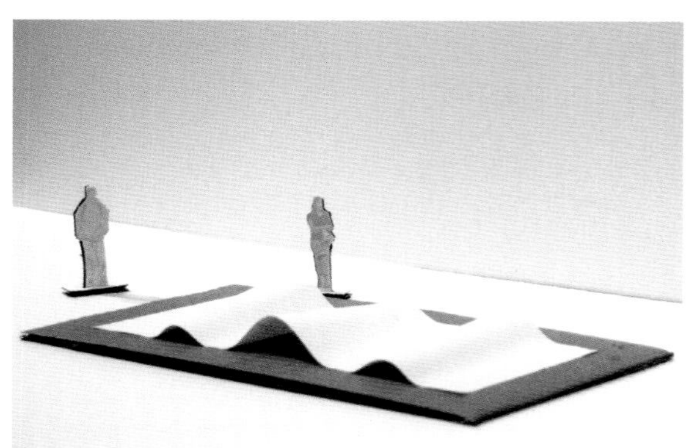

9' 10"
7' 5"
8' 2"
9' 0"
6' 7"
3.00
3.25
3.51
10' 8"

“波场”系列

这个系列给了我研究海浪的形式和体验上的属性的机会。

《波场》（1995 年）是这个系列的第一件作品，在自然发生的斯托克斯波的基础上创作。重复的凹形波大小各不相同，高度 3—5 英尺不等，整个作品占地 10 000 平方英尺（100 英尺 ×100 英尺），位于安阿伯市密歇根大学弗朗西斯–泽维尔・巴格努德航空工程大楼内庭院。第二件作品《颤振》（2005 年）位于佛罗里达州迈阿密小威尔基・D. 弗格森联邦法院，原型是水的运动在沙地上形成的浅波纹。每一排都是连续的波形，高度 2—3 英尺（约 0.6—0.9 米），整件作品占地 30 000 平方英尺（约 2790 平方米）。《风暴国王波场》（2009 年）位于纽约芒廷维尔风暴国王艺术中心，波浪高达 18 英尺（约 5.5 米）。最初这件作品占地约 90 000 平方英尺（约 8360 平方米），但在实际创作过程中，我把面积增加到 4 英亩（约 16 200 平方米）以适应场地尺度。

这个系列的作品面积以 3 倍幅度递增，从 10 000 平方英尺到 30 000 平方英尺，再到 90 000 平方英尺，形状和构成也有所变化。不同高度的波浪让我得以研究不同尺度的波形，从 2—3 英尺的浅波，到与人高度相仿的 5 英尺（约 1.5 米），最终升至近 18 英尺。

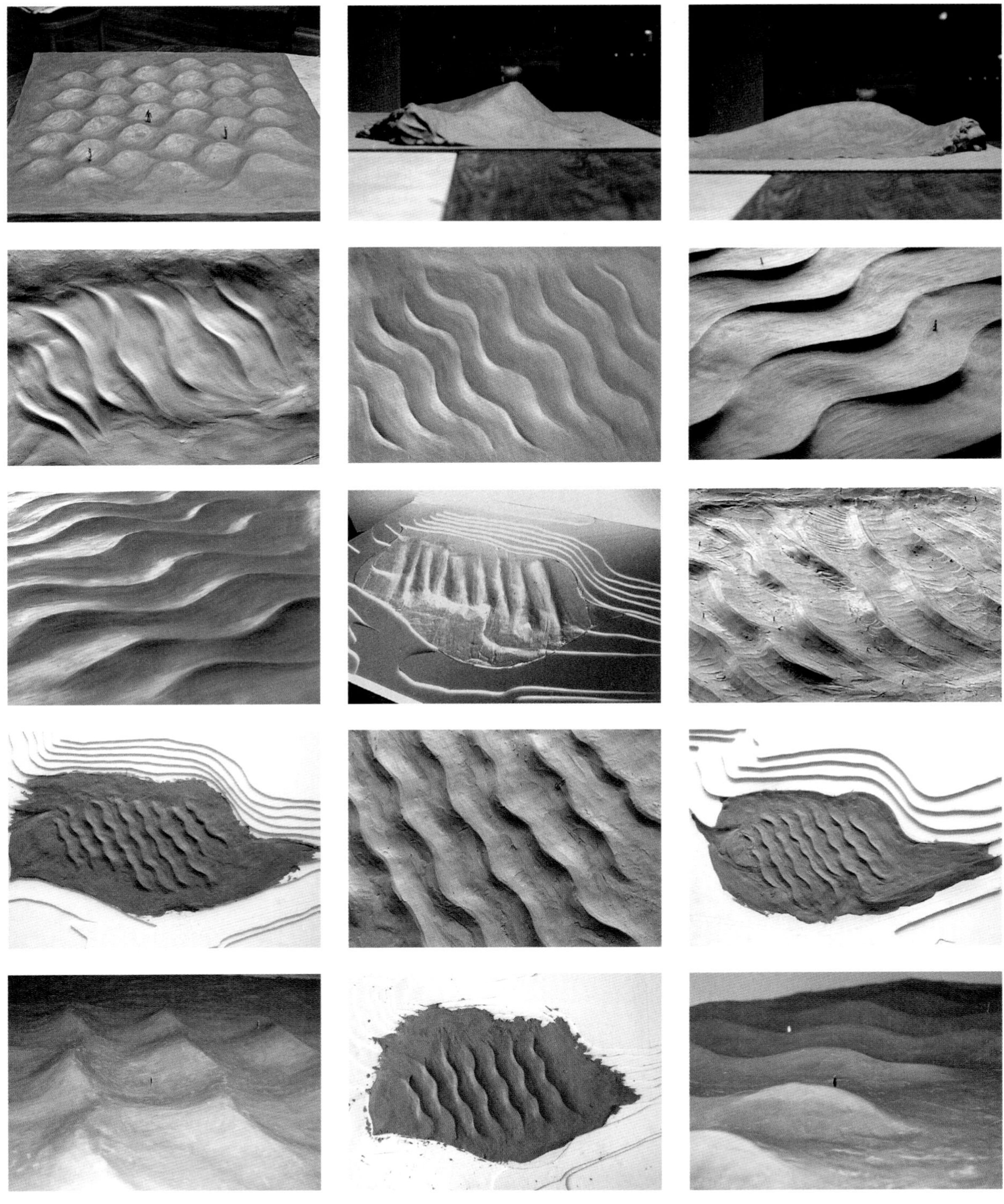

□ 《波场》《颤振》和《风暴国王波场》的模型

《波场》，密歇根州安阿伯，密歇根大学弗朗西斯-泽维尔·巴格努德大楼，1995 年

这件雕塑表现了一个简单的波浪，灵感来自流体动力学、空气动力学和湍流的研究。在构思这件为密歇根大学创作的雕塑之时，我想把对景观的兴趣与建筑场景——航空工程大楼——联系起来。我看过一张很形象的照片，拍摄的是一种被称为斯托克斯波的自然发生的重复波浪，这成为设计的出发点。我那研究自然现象的兴趣得以延续，同时又能体现这栋大楼及楼内员工和学生的背景，一举两得。这是水和流体的无尽运动，参观者能进入其中与之互动。从上方的教室和四周的花园都能看到这件作品。

《颤振》，佛罗里达州迈阿密，小威尔基·D. 弗格森联邦法院，2005 年

这是“波场”系列的第二件作品，我对水波的形式不是那么感兴趣了，而把焦点放在浅的沙纹上。水在接近陆地的时候，会在沙地上形成这种浅的波纹，它们成了这件作品的开端。线形波纹高度在 2—3 英尺之间变化，并贯穿整个景观，形成一个沿对角线方向移动的平面。

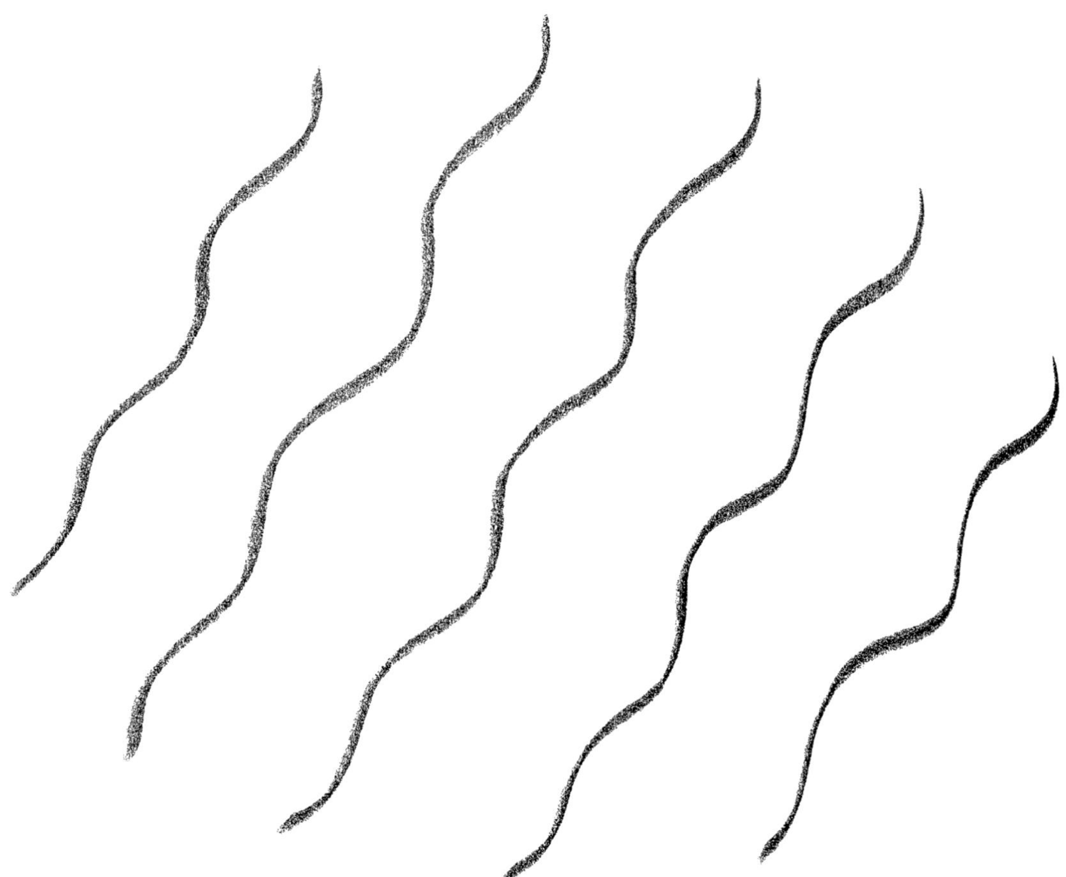

□ 《波场》，密歇根州安阿伯，密歇根大学，1995 年

□《颤振》，佛罗里达州迈阿密，小威尔基·D. 弗格森联邦法院，2005 年

《风暴国王波场》，纽约州芒廷维尔，风暴国王艺术中心，2009 年

《风暴国王波场》由 7 列起伏的草地组成。这些波浪的高度在 10—18 英尺（约 3—5.5 米）之间，波谷之间的间隔约 40 英尺（约 12 米）。风暴国王是水-波构成探索系列的高潮，呈现为一件基于场地的大型艺术作品。这件作品的尺度同真实的波浪相仿，置身其中，观者的体验与身处大海无异，并且看不到附近的波浪。平面和截面的曲度形成一条复合曲线，是对场地复杂而微妙的解读：观者被引入作品里面，有一种全然身临其境的感觉。

我选的是风暴国王艺术中心里一个环境重建项目，因此我的工作包括棕色地带（指城市中未被充分利用或废弃的土地——译者注）再利用场地的可持续发展设计。同纽约州环境保护机构，以及景观设计师埃德温娜·冯·盖尔和达雷尔·莫里森的合作，让我创造出一件利用现有土地并小心引入低影响的当地草种和自然灌溉系统的作品。

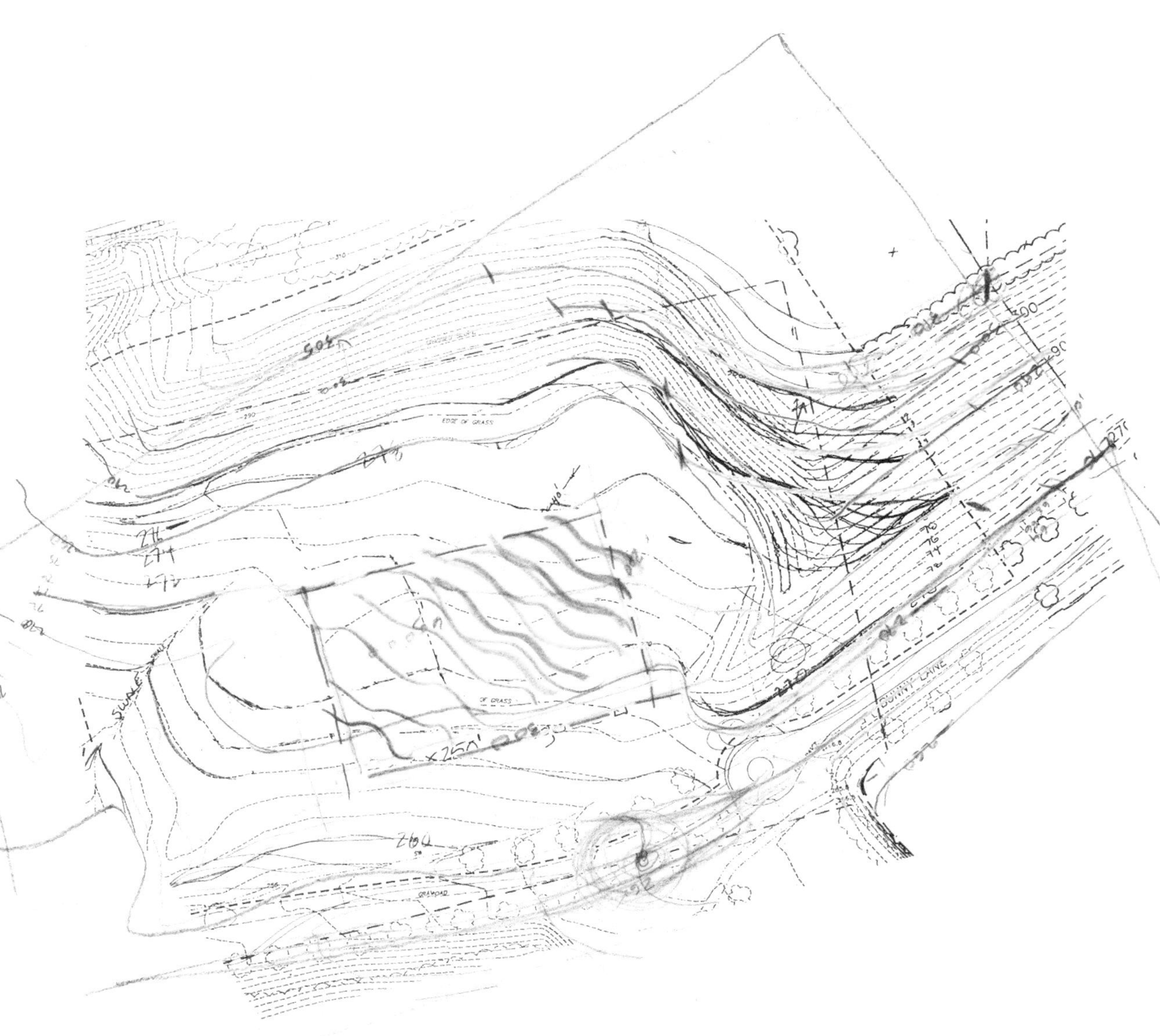

□ 《11 分钟线》，瑞典克尼斯灵厄，瓦讷斯基金会，2004 年

《肯塔基线》，肯塔基州路易斯维尔，2008 年

《肯塔基线》比其他大地绘画更“现代”，不过它让人回忆起 20 世纪 50、60 年代伊姆斯夫妇和雷蒙德·洛威等人的作品所代表的现代主义风潮。客户建了一所房子，让我想到了 60 年代美国兴起的现代主义，所以我开始描绘那个时代的线条。图案有一种回旋镖的感觉。

这件作品在地平线上下都有分布，为观察其所在之地提供了多种视角——从 5—6 英尺（1.5—1.8 米）的高处，到位于地平线下的基座的低处。线条位于草地上一个隐秘处，从房子里能看到它，从森林边缘也能看到。一棵棵树包围了低矮草地上的这座雕塑。

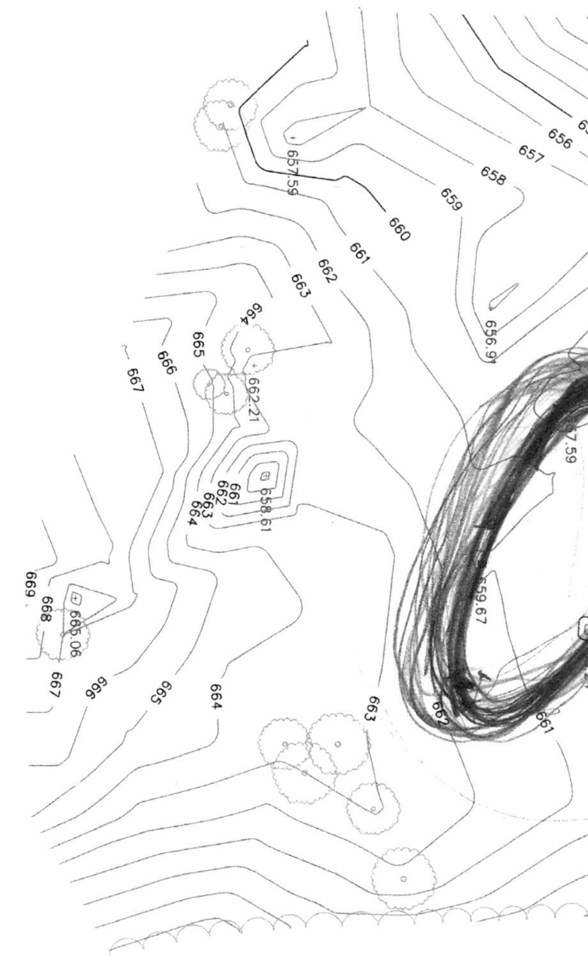

□ 《肯塔基线》，肯塔基州路易斯维尔，2008 年

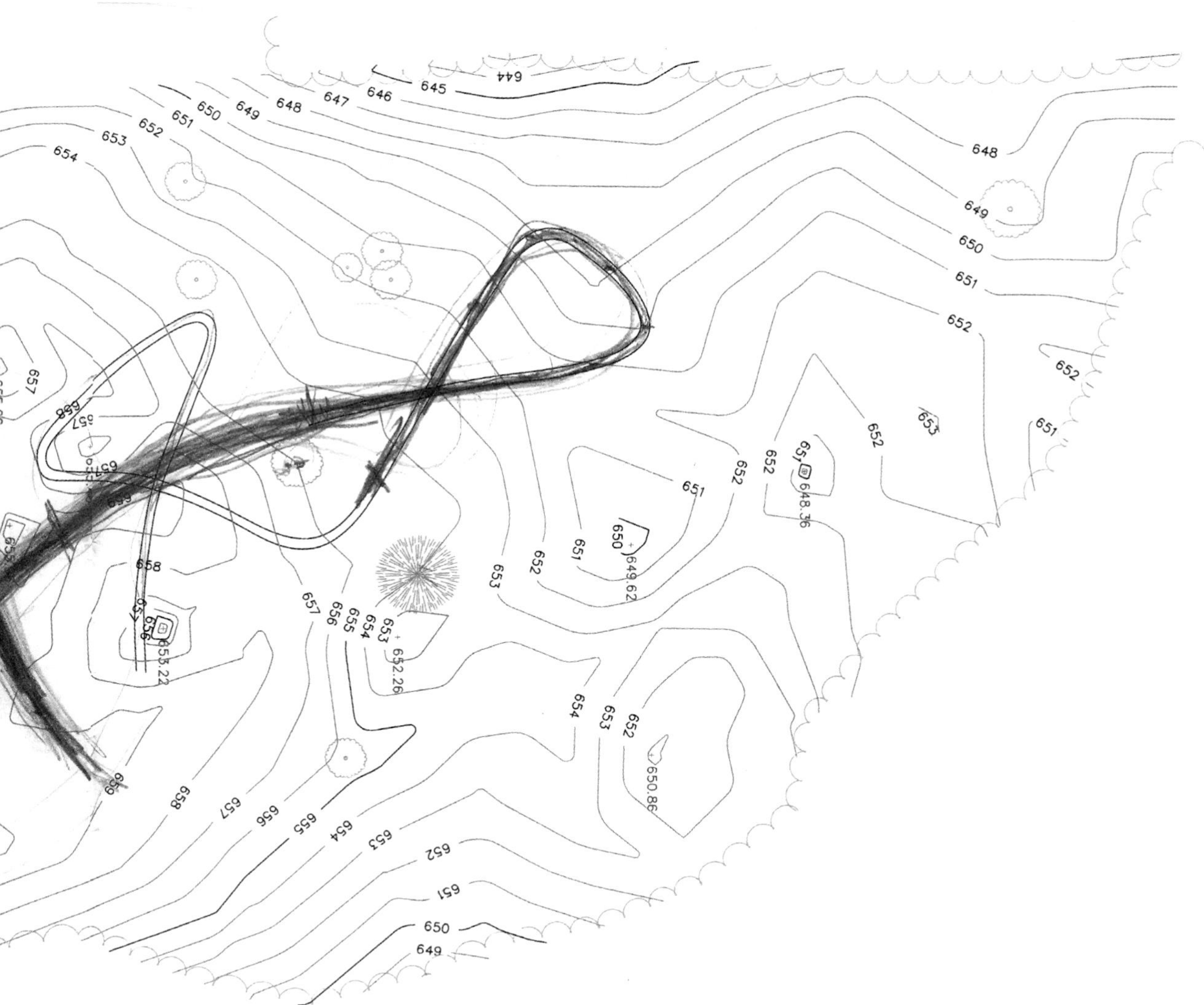

□ 《语言与线条之间》（概念图）

阅读大地

扭转潮流 / 莉萨·菲利普斯 094

装置艺术——倾泻之作 102
《海啸》/《海的庭院》/《雪崩》

线条景观 118
《上与下》/《大地与海相遇之处》

“河流”系列 132
《车站河》/《针河：长江》/《科罗拉多河》

《玻璃之下，一座山的个性》146

MAYA LIN:
TOPOLOGIES

扭转潮流 莉萨·菲利普斯

从不停歇，一直在运动和改变，水是我们这个星球上最有力的元素之一。确实，它是我们的生命能量。我们的水体——河流、溪流、湖泊和大海，带着涌动的潮水和猛烈的波涛——都是承载能量与活力的容器。有机体在生物大灭绝之后从水中重生，这在地球45亿年的历史中发生了5次。作为生命、物质、能量与快乐的源头，水覆盖了70%的地球表面，同样也占据人体的70%。

林璎一直被水的基本能量吸引，在艺术创作中捕捉它的运动、潜能和最原始的秘密。如何让水未被发掘的深度和变化的曲线变得可见？如何表现水从液态到固态的转变？身为艺术家如何用坚硬材质来表现水的流动？我们能从自然的形式与形态中学到什么？我们该如何保护眼前这脆弱的平衡与美？谈及对水的兴趣，林璎说："或许是因为水能轻易地以三种形式存在——冰、雾（或蒸汽）和液态，并且能在不同形式间轻易转换。或许是因为水对地球上的生命来说至关重要。"[1]

我也对水着迷，还有引起水之变化的天气，反过来天气也受到水的状态的影响。水和天气之间形成一个循环，这也是林璎的兴趣所在。水有催眠和治疗的能力，涓涓溪流和拍打海岸的大海能抚慰我们的感官，激起一种无与伦比的宁静平和之感；玻璃般的湖面和池塘映出自然的模样，带来无边的平静，引发无尽的沉思；

风浪、激流和瀑布充满活力，让人兴奋。但水也能变得暴戾乃至致命，滔天的巨浪、汹涌的潮水、泛滥的河流、崖边的飞瀑和毁灭性的海啸都是如此。温和的大海能迅速变成拍岸的惊涛和接天的巨浪，这些转变是完美的隐喻，象征不可预知和剧烈变化的生活，以及我们处于控制之外的力量，也象征平衡中的生命。

巨大的海浪是自然最雄伟的景象之一。这些美丽的巨人，有时由千里之外的气候事件引起；它们受海风驱使，涌起，攀升至上百英尺，接着传播到距离源头很远的地方。在我写作的时候，有记载的最凶猛的风暴潮袭击太平洋沿岸，冲浪和皮划艇爱好者小小的身影是巨浪上的小黑点，他们等待最佳时机下水，来上一场野性的生死骑乘。冲浪好手被大海的力量吸引，享受独自面对自然、融入自然力场的刺激。而林璎用另一种方式，通过平静、有秩序的诗意环境思考水的美感和特质。

林璎创造了自己的波场，将大地和水融入起伏的景观，灵感来自对自然产生的波浪构成的研究。移动数吨的土壤，将土壤堆成土丘，再精心种植草种，如此造就不朽的作品。其中最壮观的波场位于纽约北部的风暴国王艺术中心。《风暴国王波场》是 11 英亩（约 44 500 平方米）的场地内一座占地 4 英亩的雕塑。“波浪”高达 18 英尺，间距统一为 40 英尺，接近真实的海浪尺寸。林璎的波场不仅延续了大地艺术和史前土丘的建筑传统，还受到其他类似雕塑大地的仪式化实践的影响。

《2×4 景观》（2006 年）是另一座大型作品，不过位于室内。同样，它既会让人想到地形，又会让人想到海浪。一个个 2×4（单位是厘米——译者注）的木板连续排列，组成一个像素般的山丘，圆润的形状又同海浪有密不可分的联系。“波场”系列和《2×4 景观》中的地 - 水二元性在林璎的作品中随处可见，引发对两者之间无处不在的界限和脆弱平衡的深入思考。其他与波场有关并展现重复有机景观的作品还有：为罗马美国学院创作的《海的庭院》（1998 年），由网格地面上铺设的像波浪一样的木屑组成；《海啸》（1993 年）位于俄亥俄州立大学卫克斯那艺术中心，43 吨回收玻璃碴堆成了一个个波浪状的隆起。上述所有作品都是抽象而非具体的，尽管它们的设计和定位都针对具体的场地。

林璎对水的形式的探索不分大小，从露珠到冰山，从溪流到大海。她常常用声呐、卫星和计算机模型等前卫的图像技术对特定的自然形象展开系统化观察，使得通常难以看到的如海底地形、河流的地下部分及冰山在水面下的形状等景象变得可见。系统视觉技术带来一种全新的形式分类方法，林璎对这些形式的使用改变我们的观点，颠覆我们的认知。同样创作于2006年的《黑海》《红海》和《里海》三件作品，林璎用地形测绘技术和层层压片的桦木板揭示了水体的深度与轮廓，时至今日，这些水体仍留有大片不为人知的神秘空间。

水的多变——对光的折射与反射，以及水作为生命之源的存在——多少年来源源不断地为艺术家提供灵感。林璎拓展了这段历史，思考并探索水与地、水与天、水与能量之间的平衡关系、界限及转变。追寻林璎这段历史的运行轨迹是件复杂的工作，需要跨越时间、文化和学科之间的界限。我们要参考乔治亚·欧姬芙、康斯坦丁·布朗库西和野口勇的有机抽象，极简主义的严苛，后极简主义和大地艺术的广阔，迈伦·斯托特和马丁·普耶尔对传统的反叛，以及安尼施·卡普尔、奥拉维尔·埃利亚松和罗尼·霍恩等同时代艺术家的作品。非西方的文化也同样重要，比如日本的禅意庭院和中国的陶瓷与青铜器（林璎的父亲是一位陶瓷艺术家，她的姑姑林徽因据说是中国第一位女建筑师）。同时我们还要参照其他参涉其中的学科，比如环境科学、文学、建筑、景观设计、历史和诗歌，所有这些都启发和丰富了她的艺术实践。

早在20世纪80年代，林璎还是学生的时候，她就非常欣赏极简主义，这种风格很符合她的气质。像极简主义艺术家一样，她用先验信息、系统与数据，以实事求是的形式呈现事物。她的作品冷静、精确，简化的形式呼应极简主义的物理表现形式。她作品的极简主义风格还常常来自系统化的秩序，来自“一个接一个”地放置，来自重复和有节奏感的结构，《风暴国王波场》和《海啸》对堆积和序列形式的使用，与极简主义的艺术实践类似，对自然或某种材质的本质——某物（金属、玻璃、木材）在物理意义上是怎样的——的研究也是如此。（想想唐纳德·贾德码放整齐的方盒子，卡尔·安德烈的一排排木板，罗伯特·史密森用平板玻璃堆成的金字塔。）

尽管继承并拓展了极简主义的传统，林璎也表现出对那些传统的背弃。她的作品既呈现坦率的事实又带有隐喻性，既有文学的精髓又带着些诗歌的气质。作品中感性的蜿蜒曲线与艾格尼丝·马丁和埃尔斯沃斯·凯利的柔软、充满活力的有机作品有更多共同点：对自然界形态的引用与形而上的隐喻，以及光与空间极度美妙的维度融为一体。林璎将自然之物的质朴与隐喻化的暗示结合到一起，与一些直接继承极简主义的作品关系更为密切，如理查德·塞拉的后极简主义创作，伊娃·海瑟拟人化的附属物，罗伯特·史密森引人深思的诗意雕塑和大地艺术作品，以及琳达·本格里斯倾泻的堆叠，等等，不一而足。

有趣的是，如塞拉和本格里斯，他们也对捕捉动作、凝固动态和探索液态到固态的转变等方式有深入研究。塞拉创作的《溅泼：铸造》（1969 年），是将融化的铅液甩到墙与地相接之处，使逐渐固化的材料形成波场，同时记录下物质的状态转变。20 世纪 60 年代末到 70 年代初，本格里斯用倾倒的泡沫塑料和乳胶创造出可自行堆叠、生长之物，它们溢出、流淌、膨胀，在逐渐凝固的过程中，其看似流动的液体的状态被捕捉下来。这都是对林璎有重要影响的艺术先例。

在大地艺术、后极简主义雕塑和新视觉雕塑等实验作品的积累之上，林璎继续探索如何展现变形中的材料，如何赋予液体、黏质和变换过程以外形。其他钻研相关领域的艺术家，尝试在作品中为炼金术中物质状态的变化寻找合适的表现形式，比如汉斯·哈克 1963 到 1965 年创作的《凝结立方体》，中谷芙二子 1970 年为大阪世博会创作的《雾的雕塑》（艺术与技术实验集合的一部分），以及 70 年代布赖恩·亨特创作的青铜“瀑布”“湖泊”和“采石场”等（1976—1977 年）。亨特创造出全新的形状以理解水体，并提出跳出其平坦的水面去看待水体的新方式。他以大型大地艺术为参照，在美术馆空间里以个人尺度呈现自己的作品。

像亨特一样，林璎把湖泊、河流与大海从景观中抽离用作一种“半成品”，赋予它们人格。这些自然的提取物提供了观察著名水系的独特视角，它们液态的虚空被逆转，变成固体的实物。以最近的系列作品为例，林璎用回收银勾画出纽约和长岛周围的水系，包括长岛海峡、纽约湾、哈德逊河、墨西哥湾、乔治卡潟湖和阿卡波纳克港。这些美妙的形式由一个大的固体块及不对称的触角组成，后者反映的是陆地抬升形成的溪流、河口和河流等。它们如同闪烁的言语，神秘的、富于人性的喷溅画作，或者一种生机勃勃的新物种。这些新的、含糊的形状探究着正负空间、具象与抽象之间的界限，使得水系从隐藏和受限的条件中解放出来。

林瓔其他的作品，像《针河：哈德逊》（2009 年）或《针河：长江》（2007 年），用成千上万根大头针在墙面上“描绘”河流，改变了它们自然的平坦铺陈，创造出极为精美的作品。它们是一片精细的、能反光的材料，是雕塑和绘画的混合。另一些处于雕塑与绘画之间的作品包括《勒拿河》《多瑙河》和《银河》（2009 年，铸银材质），记录了从空中俯瞰时河流在大地上蜿蜒画出的曲线。在又一些作品中，如《上与下》（2007 年）和《大地与海相遇之处》（2008 年），林瓔用金属线组成的线性网络勾勒相互连接的地形，并把它们放在一起，如印第安纳波利斯市的地下洞穴和地下河，以及旧金山湾的海面与海底。

不过林瓔对水的形式的思考背后有更大的目标和更深层次的意义。林瓔的世界观源自她与自然相处的个人经验，对自然的欣赏、感激和尊重，以及对如何在已然偏离自然平衡的危险世界里生存的深刻担忧。

在过去的 12 个世纪中，人类一直生活在较为稳定的气候状态中。但由于化石燃料的使用，气候开始发生剧变，因此产生的不可逆转的严重后果已经威胁到我们的自然生态系统。极地冰盖在融化，海平面在上升，风暴在加剧；某些区域的河流正逐渐干涸，而另一些地区洪水肆虐；珊瑚礁在酸化和死亡，只因我们沉迷于短期利益而不愿承认转型的必要。这确确实实是当下自然与人类面临的最重要和最紧迫的挑战。技术不断进步，我们打破和剥夺了作为自然一部分的脆弱平衡，却忽略了这一事实和由此带来的风险。

很多科学家认为，我们正在经历的实际上是第六次生物大灭绝，短短 30 年之后，地球现有物种中的一大半将永远消失。地球的上一次大灭绝是 6500 万年前，恐龙从地球上被抹去。生命再次出现用了 100 万年。大部分人都没有意识到目前这个危机的严重程度，这可以说是第一次人为导致全球变暖而引发的大面积物种灭绝。工业化、化石燃料的消耗、人口集聚和城市化是直接原因，这些都在侵蚀和消耗我们的生态资源。

林璎目前正在进行的可以说是一件终生作品——一座为所有在第六次生物大灭绝中消失的物种竖立的纪念碑。《什么正在消失？》这件作品一半实体，一半数字化，用图表提醒人们物种实时消失的惊人速度：每 5 分钟就有一个物种消失，一天内会有 100 个物种因森林砍伐而消失，而一年内灭绝的物种则多达 27 000 个。《什么正在消失？》是一个记忆和遗失的巨大档案，哀伤且尖锐，听上去是声声警钟，敲醒那些对地球隐患执迷不悟的人。作为一个积极的环保主义者，林璎要我们去思考自己的行为与习惯，思考我们如何才能增强意识、带来改变。她对水系有着长期的关注，意图将我们的注意力再度聚焦，聚焦水系如何同经济和食物链产生联系，海岸线如何转变，以及我们的淡水和海洋系统已经退化到何种程度。

从一开始，林璎就投入公共领域，并在作品中表达出政治诉求。她 20 岁出头便在越战纪念碑设计竞赛中脱颖而出，从那时起，她展现出的便不仅是塑形的天赋，更是强大而严谨的内心——这再明了不过了。林璎的作品有着形式的美感与简洁，而它们真正的独特之处在于以艺术家 / 活动家的身份参与公共事务。她不仅是一位跨界的后现代艺术家，更是一位 21 世纪的艺术家——不满足于拼贴，而是能认识到、展示出并支持艺术与文化的力量，去施展更广泛的影响，去启发觉悟，去改变行为。她的艺术不仅是为了艺术而存在，而是拥有更广泛的社会意义。

政治内涵和社会活动深入她的艺术创作，深入她所有的作品。林璎成为一个潮流的引领者，其影响力已经跨出了艺术世界。她明白自己的力量，并用它获得关注，启发变革。在今天做一名艺术家意味着什么？文化实践意味着什么？在更广泛的社会范围内能做些什么？上述认知已经发生转变。

林璎横空出世的 30 年后，她被认为是我们这个时代最伟大的纪念碑建造者。

现在，毫无疑问，她也预言了什么将成为 21 世纪艺术创作领域中一个极为重要的方向。她同时在建筑、景观、雕塑、绘画和设计各个领域开展的工作，都体现同一种气质。真的没有语言能描述她多元的创造，除了称其为最严格意义上的艺术家。她找到了最恰当的形式连接并融合所有兴趣，以实现最大影响。这些活动互为基础，互相启发。她穿梭于不同世界，作为一个为人熟知的重要角色，她知道自己能掌控任何人的注意力并传递信息，以她的观点为名获得帮助并劝慰告诫，最终促成合作。

林璎是直接的，脚踏实地并坚定果敢。她的疑问精神与道德信念、她超凡的塑形技艺，让她身负艰巨的挑战，没有她，我们根本无法想象一些事物的形状。她帮助我们以新的方式看待世界，而这正是艺术最伟大的赠予和最高远的目标。

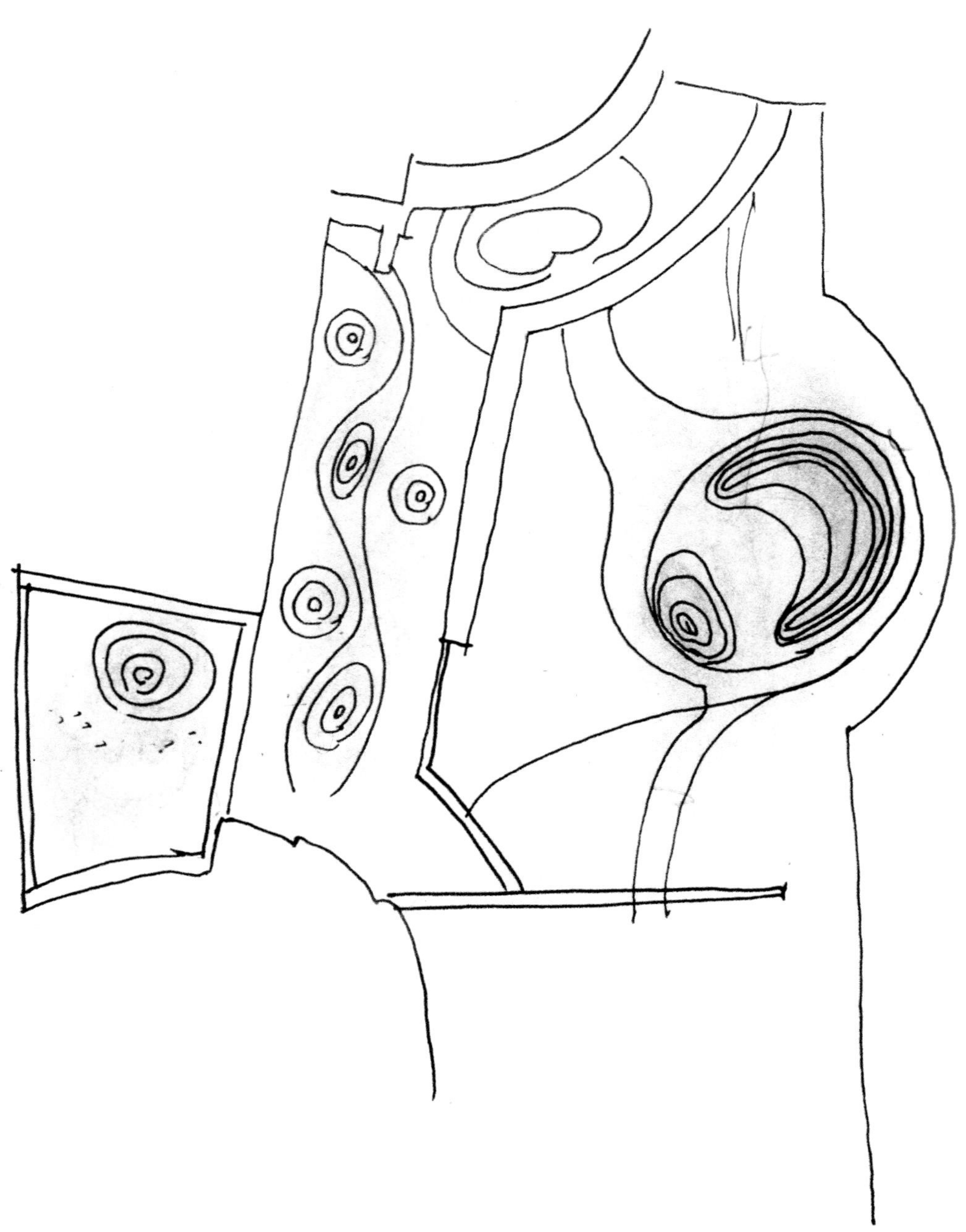

KEYSTONE
151
EAST MFG. CO.
GAR-BRO

□ 《海的庭院》，意大利，罗马美国学院，1998 年

□《雪崩》，纽约州长岛，东汉普顿，1997 年建造至今

线条景观

这些作品形成了一个体系，开端是我用铁丝做的一系列小型三维图。计算机通过建立 x-y 轴和绘制透视图解读地形，我的创作就以此为基础。雕塑的具象形式与其投在背后墙上的阴影形成的模糊性与张力，将二维与三维融为一体。这些作品以实际地形为基础，同时又是想象中的景观。

《上与下》，印第安纳州，印第安纳波利斯艺术博物馆，2007 年

我的构想包含两部分，截取流经印第安纳州大部分区域的一个地下河流–洞穴系统的其中一段，以该河段上下两部分为基础展开创作。在对这一区域地形的初期研究中，我发现世界上最大的地下河系统就在这里，藏于视线之外。我想向大家展示这一自然现象。为此我们开始对洞穴的研究，获得了上方空间，也就是洞穴的资料，而当地科学家则帮我调查水下地形。接着我创造了一系列线条，组成雕塑，有意将上下两部分分开，只有在中间——两段相遇的区域才能看到一个洞穴的完整截面。

《大地与海相遇之处》，加利福尼亚州旧金山，加州科学博物馆，2008 年，旧金山艺术委员会委托设计

这件作品描绘了旧金山海湾入海口海平面上下的地形。海平面定在露台上方 18 英尺（约 5.5 米）高的位置，并标注在临近的柱子上。作品位于加州科学博物馆西侧的露天平台上，朝向西面。水面上方和下方的地形网罗在一起，天使岛、恶魔岛和海事岬成为雕塑的最高点。这件船用级不锈钢编制而成的作品，是一幅悬于空间中的画作，帮助人们确定自身相对于现存景观的位置。

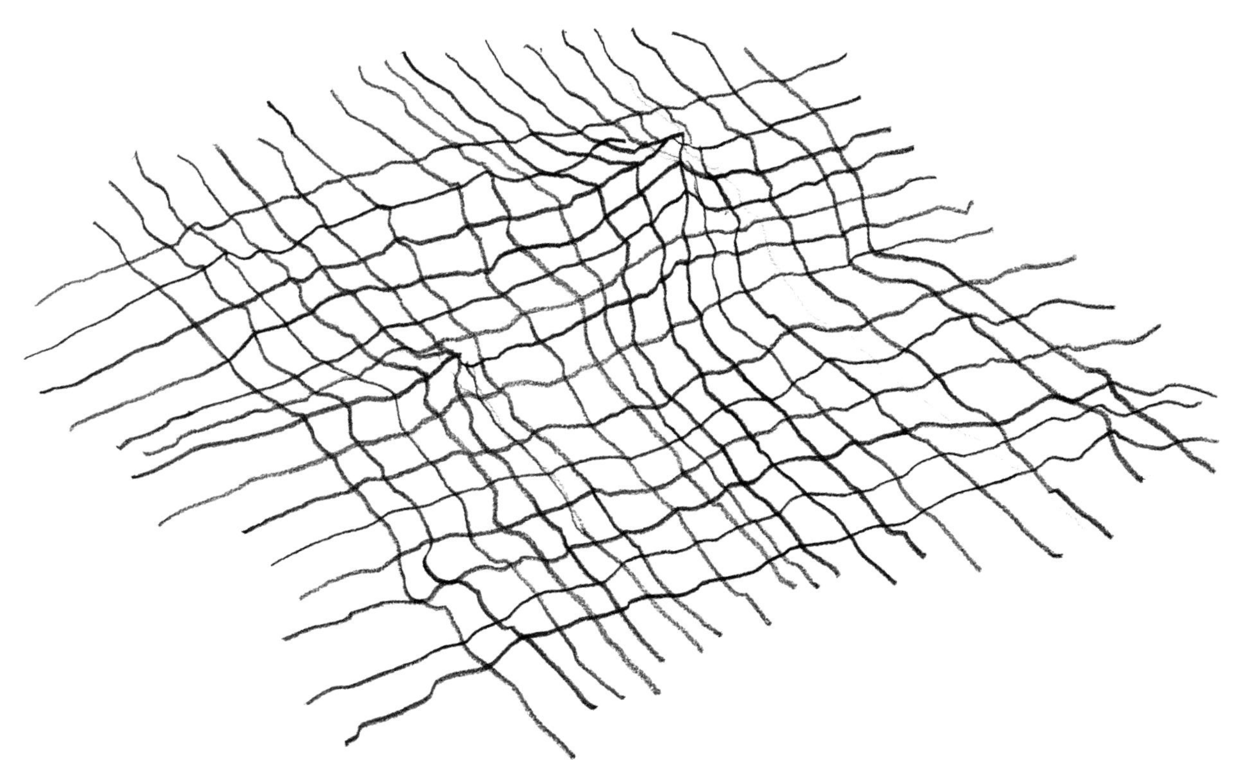

□ 《上与下》，印第安纳州，印第安纳波利斯艺术博物馆，2007 年

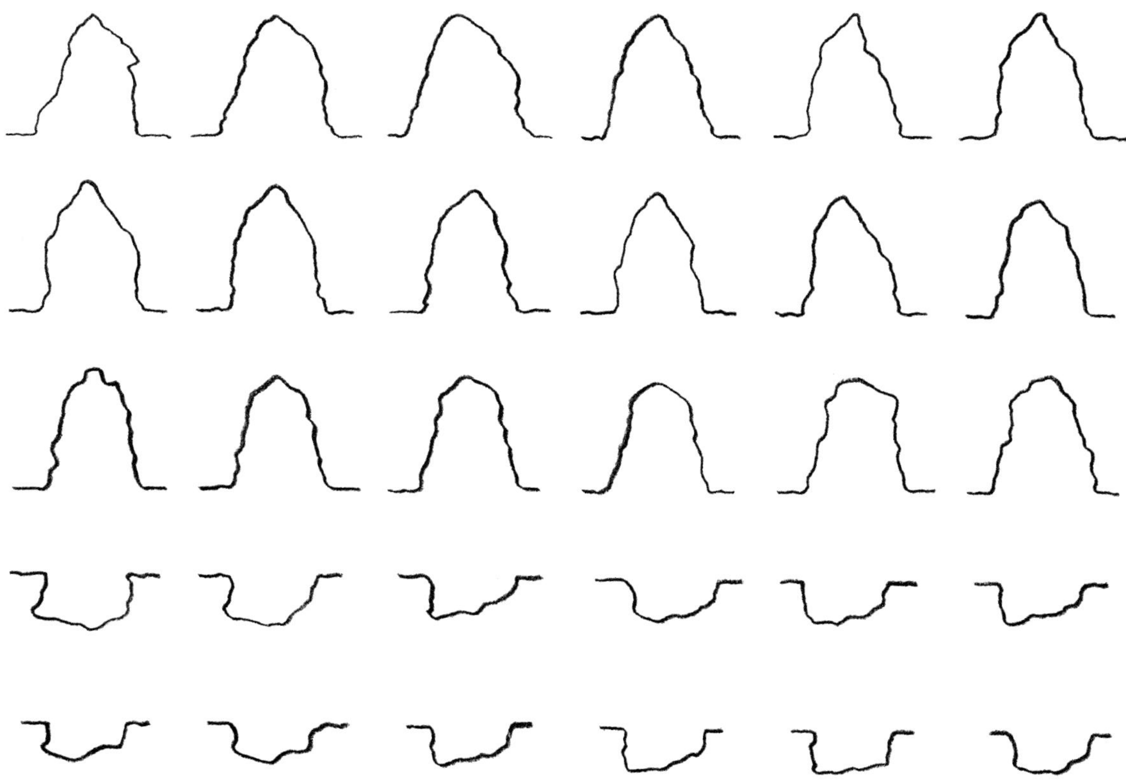

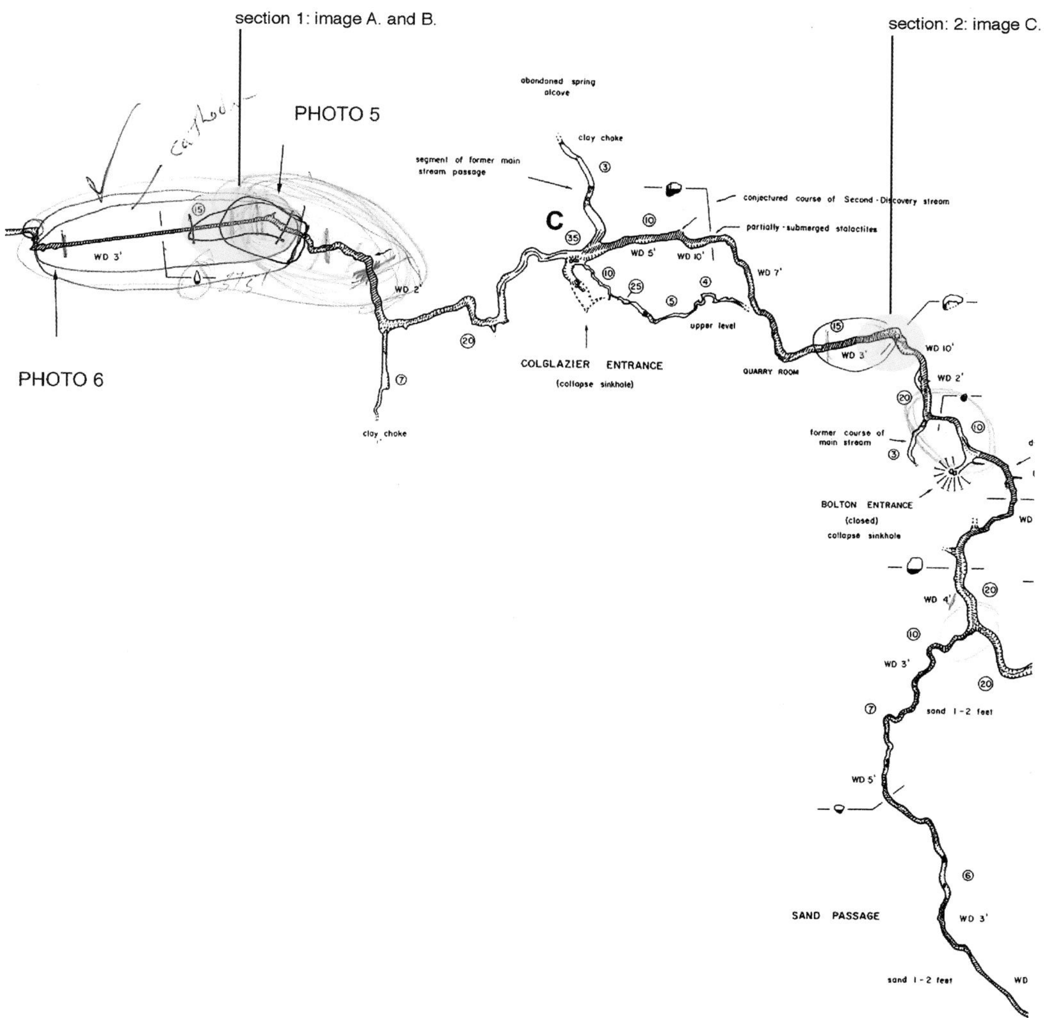
section 1: image A. and B.
section: 2: image C.
PHOTO 5
PHOTO 6
C
abandoned spring alcove
clay choke
segment of former main stream passage
conjectured course of Second-Discovery stream
partially-submerged stalactites
WD 3'
WD 2'
WD 5'
WD 10'
WD 7'
upper level
COLGLAZIER ENTRANCE
(collapse sinkhole)
clay choke
QUARRY ROOM
WD 10'
WD 2'
former course of main stream
BOLTON ENTRANCE
(closed)
collapse sinkhole
WD 4'
WD 3'
sand 1-2 feet
WD 5'
SAND PASSAGE
WD 3'
sand 1-2 feet
WD

□《大地与海相遇之处》，旧金山加州科学学会，2008年，旧金山艺术委员会委托设计

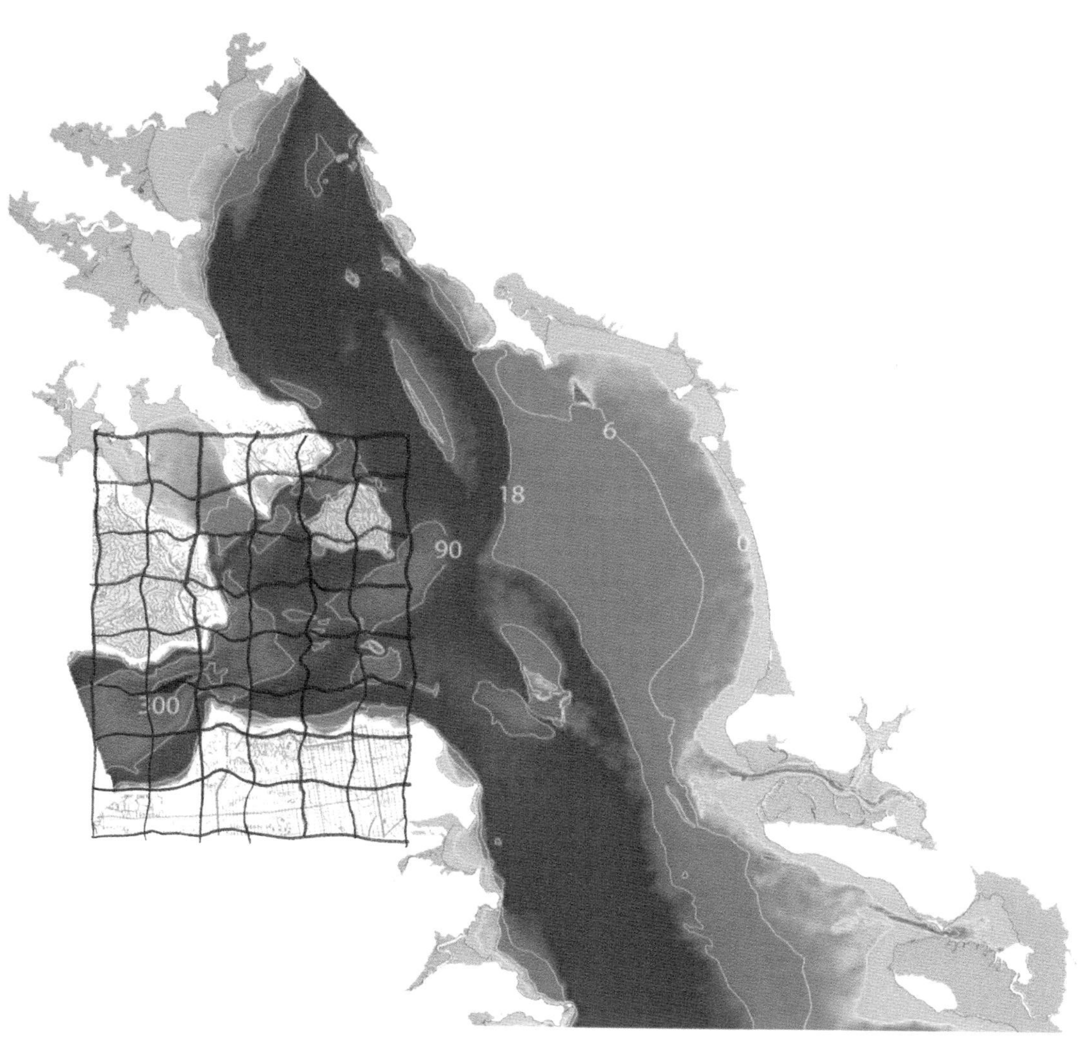
6
18
90
0
300

BEAST
AND WE ARE
STICK

“河流”系列

我沉醉于水与河流的魅力，并在很多作品中予以表现。这不仅源自对水本身的喜爱和水能以三种形态存在的能力；从环境角度来讲，水是地球上最重要的元素之一，也是我们正在严重消耗和污染的元素。我对水的兴趣一部分集中在其形式上，我将这些自然现象看作图画，以二维和三维的作品勾勒水体的精美线条，捕捉并揭示河流作为一个相互连接的生态系统的事实。我那些以回收银铸成的作品尤其如此，是对上述内容的忠实反映。我将河流看作珠宝一般珍贵的形式。我们理解大河时往往局限于其地域背景，即它与它的周边环境相遇之处，却很少将它和它的周边环境看作具有内在联系的整体。我试着让观者意识到这些至关重要的水系是完整的系统，这一点常被人忽视。

《车站河》，加利福尼亚州，圣迭戈当代艺术博物馆，2008 年

我的展览《系统化景观》每到一地，我就会创作一条当地很重要的河流的针画。展览到达圣迭戈的时候，我发现那里没有这种量级的自然河流系统，所以我决定自己做一条河。博物馆的混凝土地面上有一条自然开裂的缝隙，将其稍加调整，就能看出河流的形状。之后我和助手一起以银嵌入这条裂缝，使之成为该博物馆的永久藏品之一。因为这座博物馆的前身是火车站，所以我决定用这个永久展出地点为这件作品命名，就叫作《车站河》。

《针河：长江》，中国北京，美国驻华使馆，北京，2007 年

我一直在用特制的不锈钢针（比标准大头针更长，且略粗）描绘三维的河流，通常将它们排列，用它们勾勒出一个边缘很难确定的水体，那样它看上去就像消散于大海之中。河口和湿地一直是这类作品的重点描绘对象。美国驻华使馆邀请我创作的时候，我就决定用这种媒介来描绘长江。

□ 《车站河》，加利福尼亚州，
圣迭戈当代艺术博物馆，2008 年

□ 《车站河》，加利福尼亚州，圣迭戈当代艺术博物馆，2008 年

EXIT

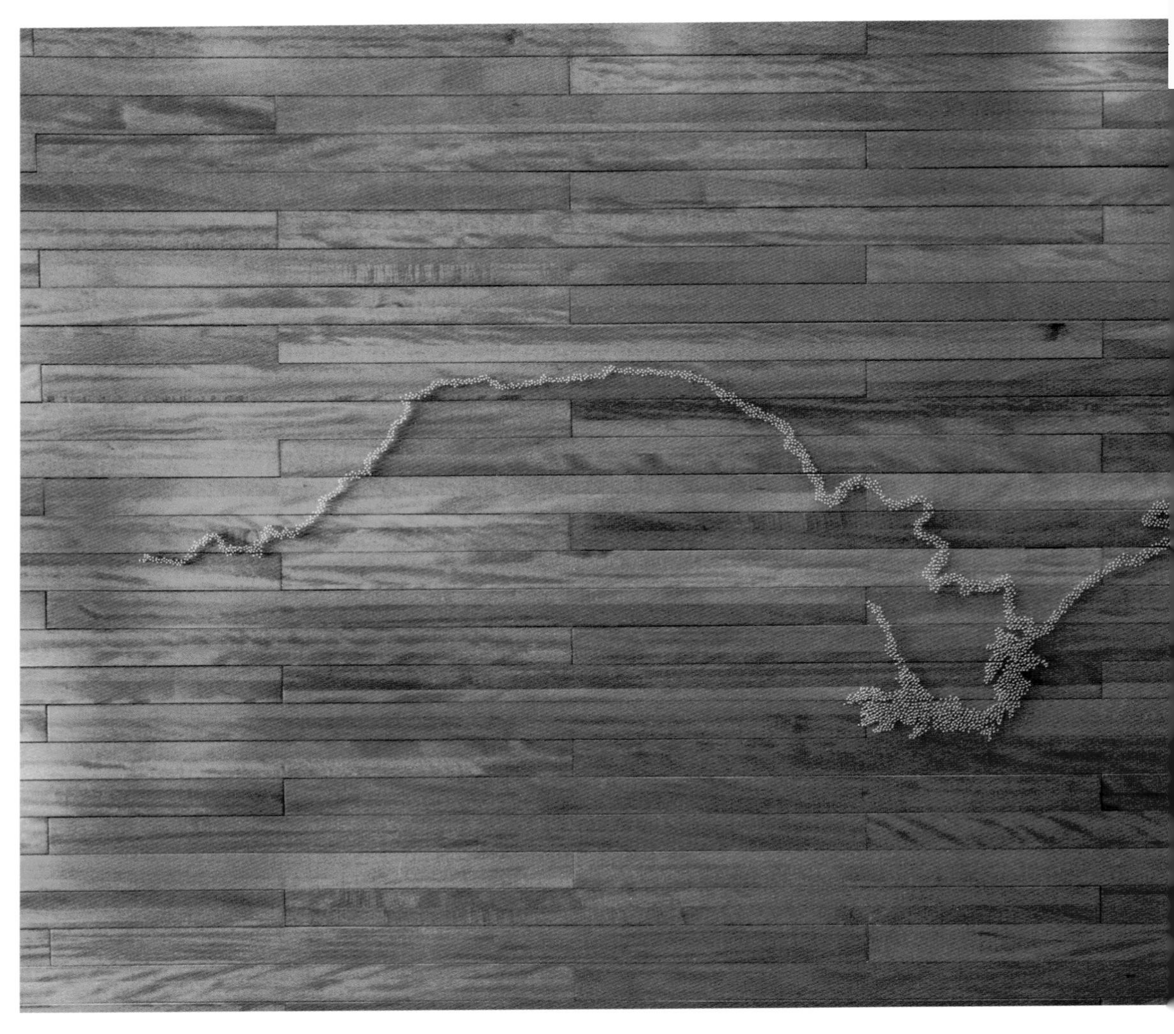

□ 《针河：长江》，中国北京，美国驻华使馆，2007 年

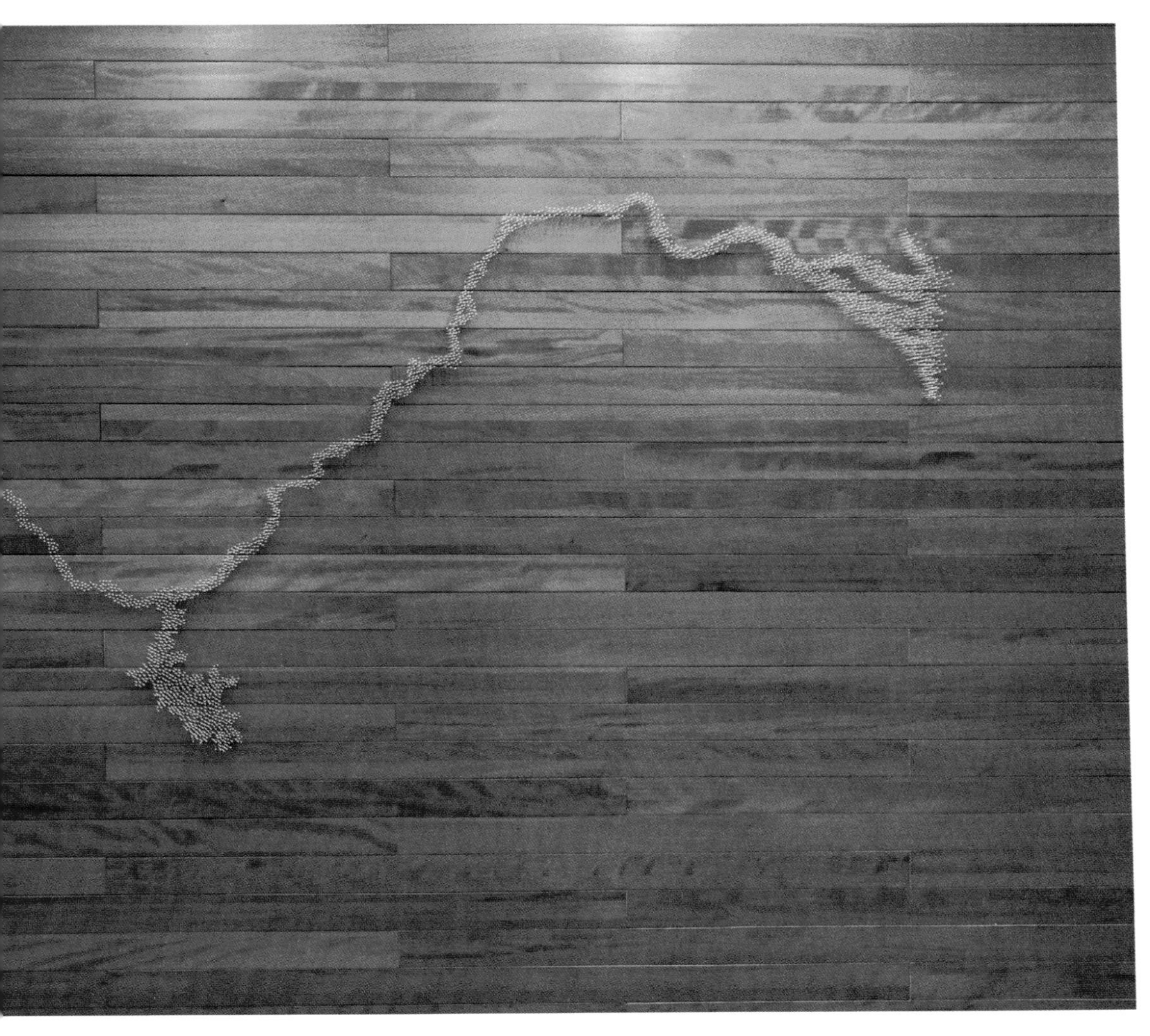

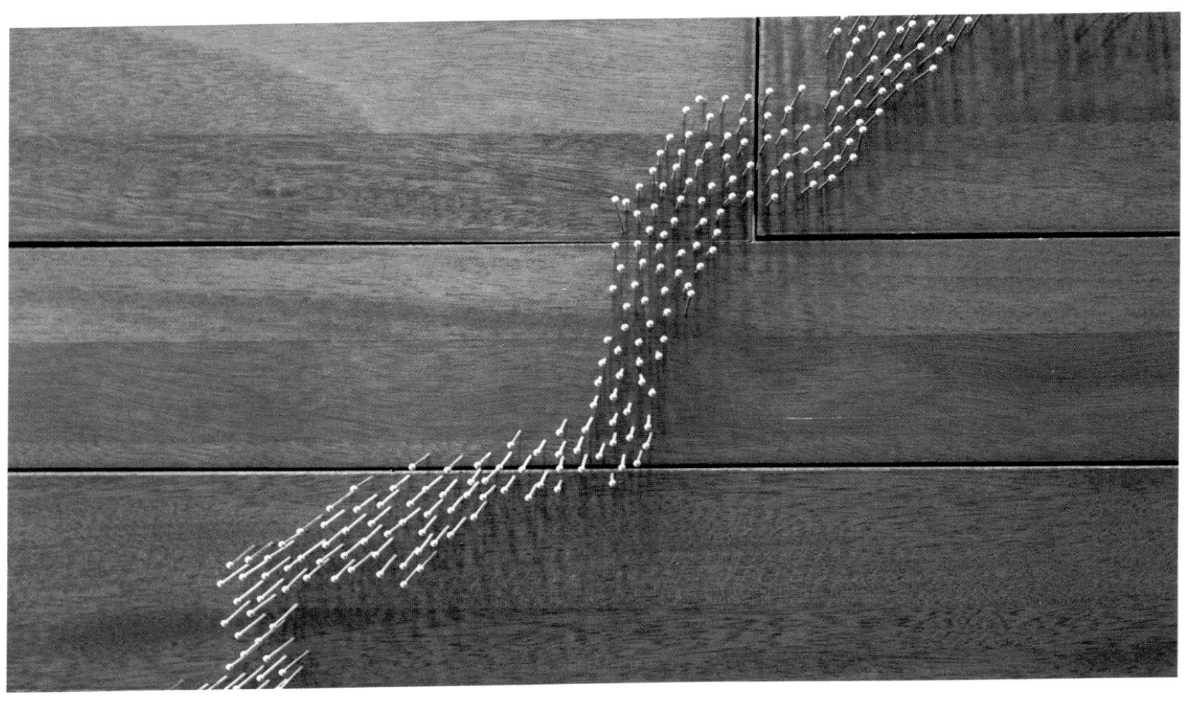

《科罗拉多河》，内华达州拉斯维加斯，阿丽雅度假酒店，2009 年

接到拉斯维加斯阿丽雅酒店设计邀请之时，我的第一反应是做一件悬挂在前台的雕塑，从大厅内和酒店外部都能看得见。我构想的是一件悬在空间中的画作。考虑过用手绘的线条，但最终我打算探究这个地方的生态含义——水对科罗拉多州的重要性和拉斯维加斯对水的大量使用。科罗拉多河两个大型人造水库——鲍威尔湖和米德湖——是城市的主要水源，也是俯瞰科罗拉多河时格外醒目的存在。于是两个水库成为这件回收银铸雕塑的视觉焦点。回收银之前被用于小型河流的雕塑，但用在这种尺寸前所未有。身处内华达州，我想把作品与地域的关系拉回这个地区的金属银上来。所有银质河流雕塑的金属银均取自回收材料。

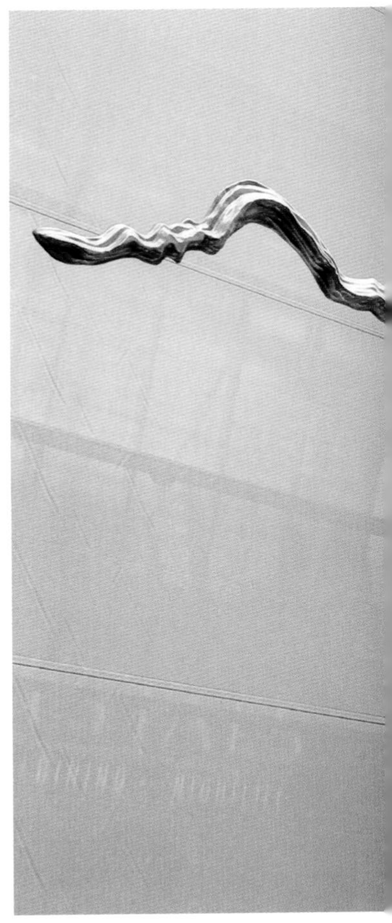

□ 《科罗拉多河》，内华达州拉斯维加斯，阿丽雅度假酒店，2009 年

《玻璃之下，一座山的个性》，明尼苏达州明尼阿波利斯，美国运通金融财务顾问客户服务中心，2002 年

这件作品的概念源自对室内外空间关系的探究。我受托为一座规划中的三层公共冬季花园创作一件环境艺术作品。这个花园是一座独立的建筑，不过与另外一栋较大的办公大楼的大堂相连，同时面向著名的明尼阿波利斯艺术大道。

我想把这个空间与外部景观联系起来，于是决定在外部创作一个起伏的景观，并延伸至室内地面。其中唯一的变化就是材料：从草地和土壤转变为木质地板。

在作品中，我把兴趣点放在微调人对景观的感知上：筑起一片优雅的山地景观，然后将其引入室内，这时会发生什么？大地轮廓线在室外的小小变化，我们习以为常，甚至注意不到，然而当这些变化进入室内时，它们就显得奇怪，甚至不合时宜了——因为在我们的预想中，室内的地面往往是平坦的。这将如何改变我们的认知？

我听说，午饭的时候人们会选择坐在地板上，而不是石凳上。这些石凳兼做室内和室外空间的基准线。

我还同建筑师一起协调室内空间的各个方面。石凳和树木为室内外空间树立了坐标轴，衬托地平面的曲线，在视觉上将室内花园同外部相应的景观联系起来。这是我第一次作为一名艺术家在设计中融入之前所学的建筑学知识，用于改变艺术品所在的建筑空间。

第一次踏上这片微微起伏的地面（因为这是一个公共空间，必须遵循一些必要的准则以方便残疾人进出）时，我不禁幻想将一座真正的山丘带入室内会是怎样的景象——沿着陡峭的山路上行就能触碰到天花板。《地志景观》展是我的第一次展览，开始我对室内地形景观的探索；8 年后的第二次展览（《系统化景观》），我想在室内建起那座山。我想掌握好这件装置作品的环境尺度，以适应博物馆这个展示环境。另外这件雕塑必须能够进行系统化的拆解，以适应巡展的要求，《系统化景观》这个名字由此而成。

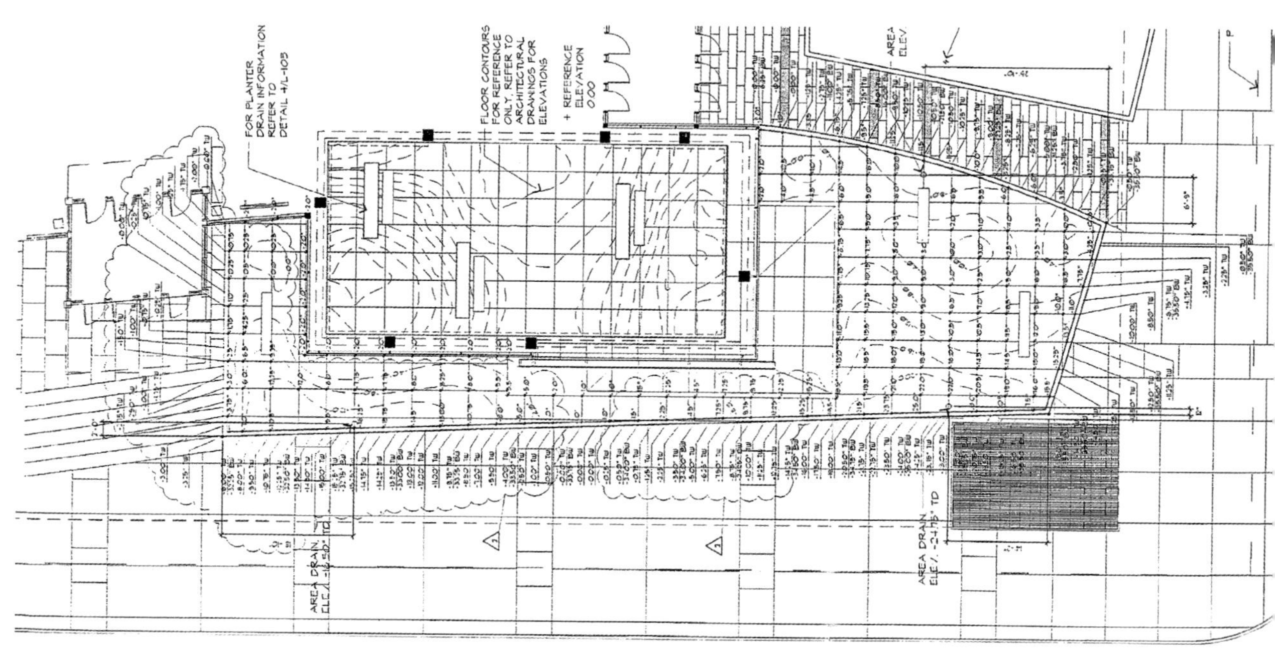

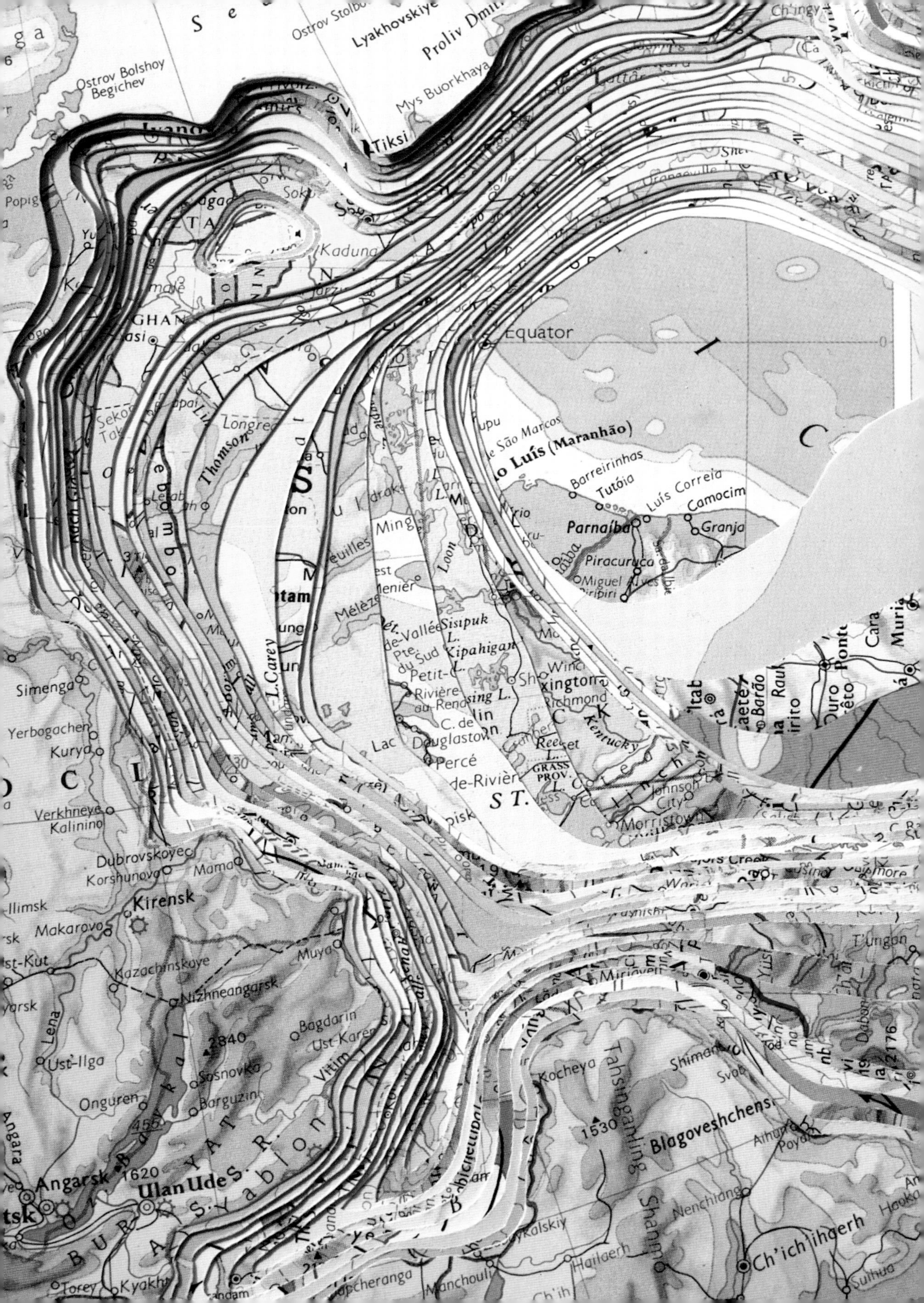

Ostrov Bolshoy Begichev
Lyakhovskiye
Proliv Dmi
Mys Buorkhaya
Tiksi
Equator
São Luís (Maranhão)
Barreirinhas
Tutóia
Luís Correia
Camocim
Parnaíba
Granja
Piracuruca
Thomson
L. Carey
Sisipuk L.
Kipahigan L.
Petit-C.
Rivière-au-Renard
C. de Douglastown
Percé
Loon
Kentucky
Richmond
Lexington
Johnson City
Morristown
Simenga
Yerbogachen
Kurya
Verkhneye Kalinino
Dubrovskoye
Korshunovo
Mama
Kirensk
Makarovo
Kazachinskoye
Nizhneangarsk
Muya
Bagdarin
Ust-Karenga
Ust-Ilga
Sosnovka
Barguzin
Onguren
Angarsk
Ulan Ude
Kyakhta
Kocheya
Blagoveshchensk
Ch'ich'ihaerh
Nenchiang
Hailaerh
Manchouli
T'ungan

绘制地图

林璎的时间 / 达娃・索贝尔 154

《系统化景观》/《地志景观》/《水体》/
《这里和那里》/《在水的边缘》/
《河流与山》/《北极圈》 162

MAYA LIN:
TOPOLOGIES

林璎的时间 达娃·索贝尔

据林璎自己说，她用双手思考；而她的双手，会让其他人思考。她的右手呈现在《界限》这本书的封面，握着一颗石头，好像在把玩石头，揣摩其重量和质地。她的两只手一起，就像时钟的指针一样，永远给出关于此刻的准确描述。

第一次遇见林璎，是在华盛顿特区的《越战阵亡将士纪念碑》，她本人并不在场。我带着儿子和女儿一起，那时他们一个 15 岁，一个 18 岁，接近纪念碑上记录的很多士兵阵亡的年纪。我的初恋男友是碑上众多名字中我唯一认得的一个，成为战争牺牲者的时候他刚满 20 岁。

我们三人与其他充满敬意的人一起进入纪念碑空间，突然降临的肃静让我们颇为震动。没有任何硬性规定要求人们接近纪念碑时保持安静，然而周日下午充斥公园的喧闹瞬间停息，好像一个吵闹的时钟停止摆动。

黑色的高墙将时间注入意识的眼睛和耳朵。亡者的姓名不是按照字母顺序排列的，而是像林璎一直设想的那样，依据他们逝去或被报失踪的时间先后，一一呈现。在花岗岩石墙上，战争的开始与结束并列放置，第一位士兵阵亡的日期与最后一位阵亡的日期在中间相遇，也就是纪念碑的最高点。绵延倾斜的墙体低矮的另一端没入大地，它们在这里打开了一个空间的巨大缺口——尽管粗略算来，从一头走到另一头的时间不过几分钟，或许一分钟都不到。

光滑的花岗岩表面反射出参观者的面孔。老兵们在雕刻的花名册中找到过去战友的名字，忆起那段作为士兵时光，然后看到映在石头上的面孔在回望自己——那是被时光改变的面孔，不会衰老或改变的一行行年龄和一排排名字从面孔上划过。

纪念碑含蕴威仪的简洁让我想到索尔兹伯里巨石阵的巨大石块，它们都表达了一种强烈的愿望，祈祷长久黑暗之后光明的回归。

林璎曾说，她设计《越战阵亡将士纪念碑》的原因之一是“让 100 年后的孩子来到这里，对战争的高昂代价有清醒的认识”。在新世纪即将来临的时刻，我那对越战一无所知的儿女看到林璎这件哀悼战争之作时震惊得说不出话。我相信这种启示的力量会持续下去。

尽管时间只朝着一个方向流动，林璎却再一次让时间为她倒流。这一次，她受亚拉巴马州蒙哥马利南方贫困法律中心的委托，设计《公民权利纪念碑》。在那里，她把公民的反抗和三 K 党的暴行围成一个圆圈，像一面日晷。从 1954 年最高法院对布朗诉托皮卡教育委员会案的判决到 1968 年小马丁·路德·金被刺身亡等一系列事件，顺时针排列。“我问自己，一座公民权利纪念碑应该是什么样子，我突然意识到必须让人们理解那段时光到底意味着什么。”林璎说，“与此同时，我想对未来和向着种族平等的不懈努力做出响应。”

至于事件环上一段留白的弧线，她解释说：“我无法想象一个封闭的时间线，因为我无法坦然认定或明确说出民权运动有特定的开始或结束。”好像是为了进一步强调对平等的诉求并未完成，一面如泪涌的瀑布冲刷着马丁·路德·金的梦想，“……除非正义和公正犹如江海之波涛，汹涌澎湃，滚滚而来。”

林璎的时间能以任何形式或方向流动。它在耶鲁大学《女性之桌》逐渐外扩的螺旋中展开，记录这所学校里男女同校被越来越多的人接受的历史。它还在瑞典瓦讷斯《11 分钟线》隆起的地面上来回游走，在安阿伯密歇根大学的《波场》、迈阿密联邦法院的《颤振》和纽约芒廷维尔《风暴国王波场》里周期性波动。从上方向下看，从教室、办公室或飞机的窗户向外看，每一件作品都在随着时间变化，她强调："就像一天之内，太阳的角度改变流经作品的光线。"

我与林璎的实际会面源于假想的线条。换句话说，经由对地球子午线共同的兴趣，我们走到一起。依据不同地点的时间差异，这些线条通过东 / 西经度定义地理位置。在遥远的古代，制图者发明了经线这个有用的虚构之物，远远早于跨海航行的探险家能够确定其所处位置的东 / 西方位。确定经度的关键在于同时知晓两地当下所处的时间。

本初子午线作为经度测量的 0 度起始点，经由国际上一致同意，确定为经过英国格林尼治天文台的一条经线。这条子午线可以说是东西方的交界线，如是，这条线与林璎有了天然的联系。她的祖上可追溯到中国，但她本人生于俄亥俄州阿森斯市，于是她自己成为东西交汇的化身。"我存在于界限中，"她坚称，"这是位于科学和艺术、艺术和建筑、公共和私人、东方和西方之间的某处。我一直尝试在这些对立的力量之间寻找平衡，寻找对立的两方相遇之处。"

即便现在仪表板和手机上的全球定位系统（GPS）让我们每个人成了专业导航员，经度和时间仍然随着地球每日的自转密不可分地缠绕为一体。位于格林尼治的皇家天文台是格林尼治标准时间的所在地，也就是全世界设定时间的基准处。

构思在大理石上呈现子午线的时候，林璎没有选择本初子午线，而是去研究一条更有个人意义的经线。她的《西经 74 度》(2013 年)是一条 14 英尺(约 4.3 米)长的白色窄线，象征她目前位于纽约的家，所以这件作品有时也被称为《纽约经度》。不管用哪个名字，它看上去都像林璎从地球上切下的一部分。光滑的边缘加深了这种感觉：它好像就是从地面上抠出来的一部分，并且能随时再嵌入地面。它表面突起成丘，代表经线所过之处的实地特征，如卡茨基尔山、大西洋洋底，或许还有几座市中心的摩天大楼。

与《西经74度》大小相同、互为补充的是一件叫作《东经106度》的姊妹作品。就像0度子午线与国际日期变更线（180度）的对应一样，西经74度与东经106度一起组成了环绕地球的一个圆。巧合的是，东经106度经过中国，是林璎父母出生的地方。（考虑到中国的地理范围，我承认这个巧合不像我最初看上去的那样惊人。）这两件作品的展出，我看过两次，一次是在纽约的佩斯画廊，后来在长岛的帕里什艺术博物馆又看了一次。两次它们都首尾相连，但没有接触，好像一条长长的高速公路上的两段破折号。

林璎还创作了类似的大理石作品，描绘三个平行的重要纬度：《北极圈》（2013年）、《纽约纬度》（2013年）和《赤道》（2014年）。每件作品都由几个部分组成完整的圆圈。三件作品之中，只有赤道是地球上最大的纬度圈，其他两个周长都略小。在佩斯画廊，它们被分开置于地面上；而在帕里什，它们被摆成一个同心圆，好像地球被压成平面。《北极圈》《纽约纬度》和《赤道》的三重奏，看上去与《西经74度》和《东经106度》有相同的效果。实际上，它们还略有欠缺，不过不是艺术家本身的问题。《北极圈》《纽约纬度》和《赤道》在三维空间展示二维线条方面都很成功，但是《西经74度》和《东经106度》胜在它们很明显地融入了第四维——时间。

在这个经度与纬度相遇的空间，四周的围墙上，大头针组成的河流描绘了随时光消失的支流。她用成千上万根竖立的大头针或重组曾经流过树木繁茂的曼哈顿岛的河流，或回溯飓风桑迪引发的洪灾区域。大头针——作为短暂性的真正代表——组成这些已经消失的临时水域的实体。针河给林璎指出了一种道路，“探索纽约这样的地方……过去有什么，现在有什么”。每个美术馆展出结束之时，大头针都会离开墙壁，回到盒子里，等着在另一个时间和地点再度重组。

林璎也描绘现存的水体，用的材料是回收的银。从《银河》到《长江》，再到《乔治卡潟湖》（2014年）和《阿卡波纳克港》（2014年），我们熟悉的湖泊或河流被看作一个整体，从所处的流域逃离。时间以相变的形式，从这些银色的河流中穿过，因为艺术家选用的这种材料最终会从液态转变为固态，使流淌不息的水流变成闪闪发光的静物。

像古代计时的漏壶或水钟那样，大头针和银制成的河流通过水的流入或流出标志时间。林璎的“水体”系列也是如此，该系列的《里海》《红海》和《黑海》描绘了这三个内陆海。薄薄的波罗的海桦木胶合板堆叠起来，几个宙际的地质层累积标志了悠长的地质时间。更近的作品“消失的水体”系列（2013年）——《乍得湖》《咸海》和《北极冰盖》——由佛蒙特丹比大理石雕刻而成，通过这些快速变化之地，来捕捉时间越来越快的脚步。这个系列促使观者思考例如“我们现在看到的北极冰盖与20世纪80年代的冰盖有何不同”等问题。

林璎创作的与时间相关的艺术装置中，至少有一件真正以人类的维度讲述时间。它甚至有一个数字的刻度盘，尽管没有指针。《蚀时》（1995年）位于长岛铁路线上纽约宾夕法尼亚车站中央走廊的屋顶，在电力驱动下完成光与运动的循环。每天正午，它开始运动，一个大的发光圆盘会渐渐被一个铝制圆盘遮盖，就像日蚀的时候太阳被月亮遮住一样，日全蚀出现在午夜。乘客需要抬头看才能看清时间，但在这样匆忙的地下环境中，很少有人会想到这么做。启发这件作品的天体现象也常常被人忽视。尽管日全蚀每隔几年就会发生一次，而且可以提前几十年预测，但能观察日全蚀的地点往往限于南极或西伯利亚等偏远地区。不仅如此，最无畏的冒险者还要冒着日蚀由于恶劣天气被“遮蔽”的风险，而日全蚀全长不过7分半钟。1991年我在科特斯海上见证了日全蚀的全过程，我知道日蚀是如何玩弄人对时间的理解的。一切开始前，以前从未见识过日蚀的我怀疑7分钟的景象是否值得7天的航行。日蚀期间，看着被抹去的太阳和弥漫在正午时分的昏暗，我开始害怕世界会一直保持这样的状态。结束之后，我觉得有必要赶到任何一处再次见证这种景象。在之后追寻日蚀的日子里，我曾花费近一个星期的时间赶到太平洋中心的某处去观赏一段据预报仅有37秒的日全蚀。

林璎说，她在“岩石的结构、大块浮冰、日蚀、地球的鸟瞰和卫星图像中找寻灵感”。所有这些灵感来源都表现了宇宙不同的时间尺度，从星球运行到原子频率。

我想象林璎在创作一件操控时间的作品之时，一定经历了被称为“流”的心理过程。时间本身在流动，这我们已经了解，不过手艺人因挑战自己技艺而激起的快乐的心理流，让他们能聚精会神地投入工作，以至于忘记时间。处于心理流的人，时间对他们来说并非像在爱因斯坦某些实验中那样变快或变慢：它就那样消失了。

林璎的最后一件纪念碑作品《什么正在消失？》，便是想要扭转时间。她想要我们记住事物原本的样子，通过回忆，让我们对自己所处的环境更加敏感，能更积极探索重建“哪怕一丝一毫”以往的丰富与生物多样性的可能性。

“贯穿我作品的主题是，”她回顾说，“尝试揭示自然世界中，那些你可能从未想过的方面。”

2009年《聆听圆筒》揭幕，标志着《什么正在消失？》的开始。一个带有扩音设备的巨大铜制喇叭形作品，内侧排列着一条条回收的红木，安放在旧金山加州科学博物馆之中。《聆听圆筒》会播放鸟儿和其他动物的叫声，它们不是濒临灭绝就是已经绝迹。被听筒发出的声音所吸引的人，沿着筒壁往里看，就会在一个眼睛形状的屏幕上看到这些不幸的生物的影像。

也是在2009年，名为《空房间》的作品作为《什么正在消失？》的巡回展出部分，同时在北京和纽约展出。“建一座像水一样的纪念碑会怎样？”林璎在构思作品时这样思考，“如果它能受邀到各处，到任何它想去的地方？”《空房间》如今仍在城市间巡展，邀请观者去面对及体验消逝。“走进一个黑匣子剧院，一个空房间。你拿到一副光学眼镜，在屏幕上看到动物的影像，于是你会真的伸手去抓那些濒危或已经灭绝的生物或栖息地。”

林璎的早期纪念碑作品都是雕刻或铸造的，而《什么正在消失？》的大部分内容位于虚空之中，一个提供曾经世界和未来世界的影像的多媒体网站。你可以点击记忆图上的任意一处地点，了解一个被人类抹杀的物种。你还可以添加自己的记忆，关于一个已经消失但是不会被忘记的物种或栖息地。

“这关乎道德，”林璎对记者说，“一个物种没有权力去统治整个星球。”

《还原一棵被砍掉的树》(2009年)是一个与《什么正在消失？》有关的视频，项目组走访了世界上最受欢迎的城市绿地，并为每一片绿地设定了一个毁灭时间。比如纽约的中央公园会在9分钟内毁灭，伦敦的海德公园是4分钟，前提是用热带雨林目前被砍伐的速度来破坏这些绿地。看过东京、巴黎和哥本哈根的全景之后，镜头落到了一棵刚刚被砍伐的树上。通过最简单的放映技术——回放——高大的树干重新立了起来，立在树桩上。

林璎最近在史密斯学院发表的关于《什么正在消失？》的演讲，听上去出乎意料地乐观。她在《什么正在消失？》的网站上收集了广泛而有价值的信息，包括想要通过改变生活方式来保护环境的人该如何行动等内容。她不急于完成这座最后的纪念碑，因为她认为这件作品将无限期持续，并不断更新。

现在不管去哪儿，不管是演讲还是受访，林璎都会问人们“什么正在消失”，他们记忆中的什么如今已经不再能看到和听到？奇怪的是，不管是年轻人还是老人，他们在这方面的记忆都不长久，但尽管如此，物种快速的灭绝让他们每一个人面对林璎的问题时都能至少给出一个答案。

当林璎问我这个问题的时候，我想了好一会儿。确实有一件东西消失了，让我不胜怀念，那就是我第一次遇见她作品时感受到的存在。安静，正在消失。不过人生的短短一段时间，许多自然的声响就沉寂了，而它们的消失没有带来安静，取而代之的是汽车、机器和战争的轰鸣，还有人类制造出的其他喧嚣。

“如果我能让你停下，暂停一段时间，”林璎在思考《什么正在消失？》的预期效果，“或许你能重新思考，重新衡量那些看似理所当然的事情，并且想要做些什么。我们有能力去理解我们失去了什么，有能力帮助世界改变这段经历。曾经我们只能想象，但我想实现这种想象不过是时间问题。”

《系统化景观》《地志景观》《水体》《这里和那里》
《在水的边缘》《河流与山》《北极圈》

这七个展览与我的大型户外装置构成一个整体，我一直在两种模式之间往返。室内展览的作品往往是小尺寸的，我因此得以享有亲手打造它们的自由。反过来，这些小型作品指引我将设计理念拓展至大尺寸的户外作品；建造后者所必需的规划、绘图和建模等步骤，让我与实际制作保持一定的距离。然后这些户外作品又将我带回室内，从不同尺寸、规模探索它们的环境特质。

通过科学家与电脑的视角看待我们的世界，在海底和大地的鸟瞰图或卫星图的基础上绘制图像，这就是我艺术创作的重点——将技术绘制的图像翻译成雕塑造型。如此，我开始创作一种展现自然现象的系统化景观。

□《银切萨皮克湾》，2009 年

《系统化景观》，华盛顿州，西雅图亨利美术馆，2006年；
密苏里州，圣路易斯当代艺术博物馆，2007年；
加利福尼亚州，圣迭戈当代艺术博物馆，2008年；
加利福尼亚州，旧金山德扬博物馆（旧金山艺术博物馆），2008—2009年；
华盛顿特区科科伦美术馆，2009年。

我想把我的大型环境装置的身临其境之感带入室内。展览的主体是三件大型作品，意在建立参观者与大地之间的独特关系。一件基于真实山地的作品（《2×4景观》）让人漫步地上；另一件基于海底地形的作品（《水线》）让人徜徉海底。第三件作品的形式是模糊的，既可看作水也可看作陆地（《蓝湖通道》），让人在一件被截成多块并分散放置的景观之间穿行。小型作品从一系列地图集开始，那些地图集或被裁剪，或按照地形图的地形层次将其书页挖开，以做出想象中的坑洞或景观。

《2×4景观》雕塑（2006年）由成千上万个尺寸为2×4的建筑级别的木板排列构成。这些木板高度逐渐增加，从上往下看，它们将景观转化为像素一般的山丘。雕塑经过了精心的造型，模糊了陆地和水的界限，让人想到一种地形或是一种波浪。这种形状的双重性在环绕观赏的时候很容易被发觉。作品的摆放经过了设计，从两个入口的方向看去好像一座山丘；而从另外两个方向看去则是流动的、无定形的，仿佛一个即将到顶的波浪。

《水线》（2006年）这件作品是我用计算机呈现的一个水下大陆。（计算机将实体空间转换成x-y坐标轴，接着在垂直方向上拉起，形成三维线图。）我将地形变成一片金属网格雕塑的平原，一方面展现地形，同时也让人想到悬浮在空间里的一幅画。选择现有的洋底地形是想让人们再度思考水下的存在。海洋占地球表面的70%，我们大部分的山体都处于水下，而我们却很少去思考海洋表面以下的事物。

《蓝湖通道》（2006 年）是一个被截开的地形景观，原型是落基山余脉，所用材料为刨花板。地形的选择多少有些个人化：我家的避暑地就位于科罗拉多州西南部（落基山脉所在地——译者注）。我选定了 3 英尺（约 0.9 米）×3 英尺的尺寸，将地形切分为很多块，让人们能在景观之间穿行，以此转变对大地的看法，同时引入一个更有地质学意味的视角。

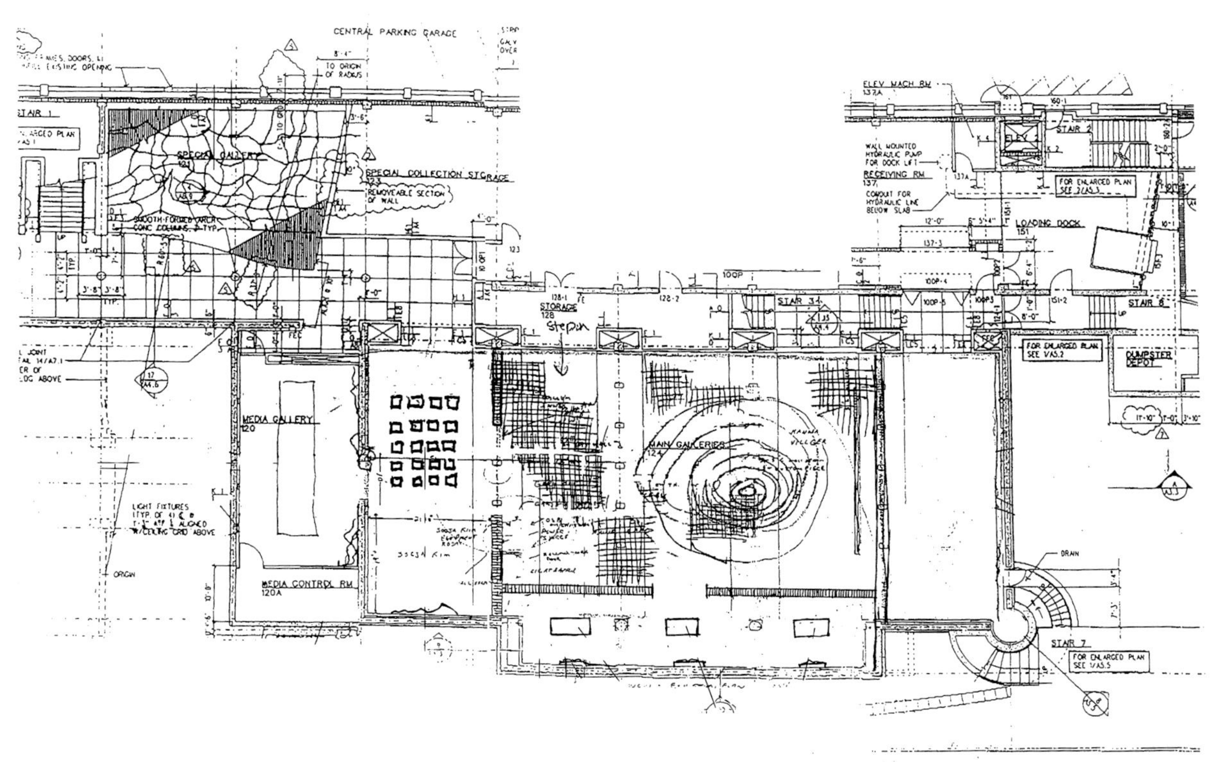

□ 《2×4 景观》，2006 年

□ 《水线》，2006 年

□《蓝湖通道》，2006 年

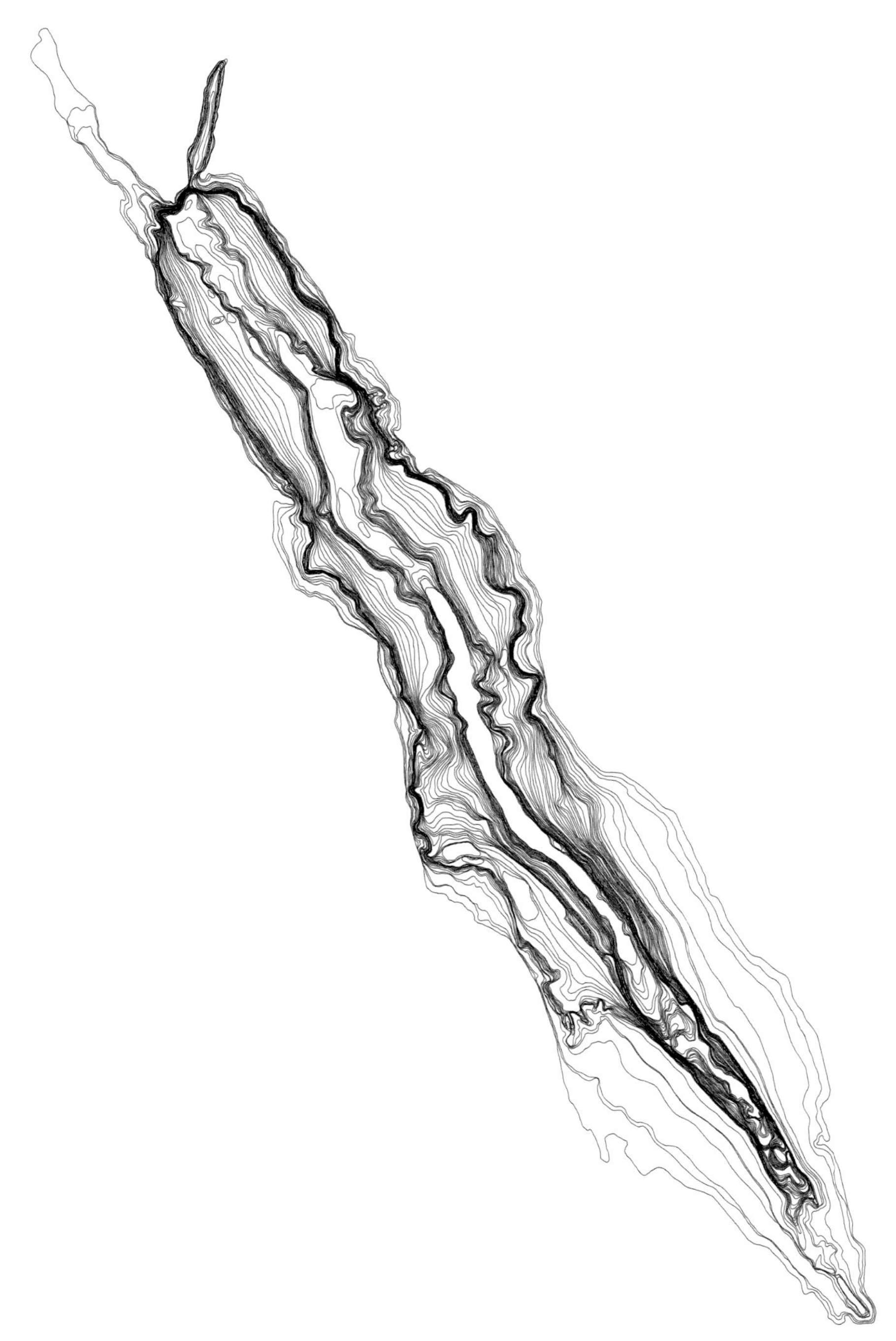

□ “水体”系列的地形图，2006 年

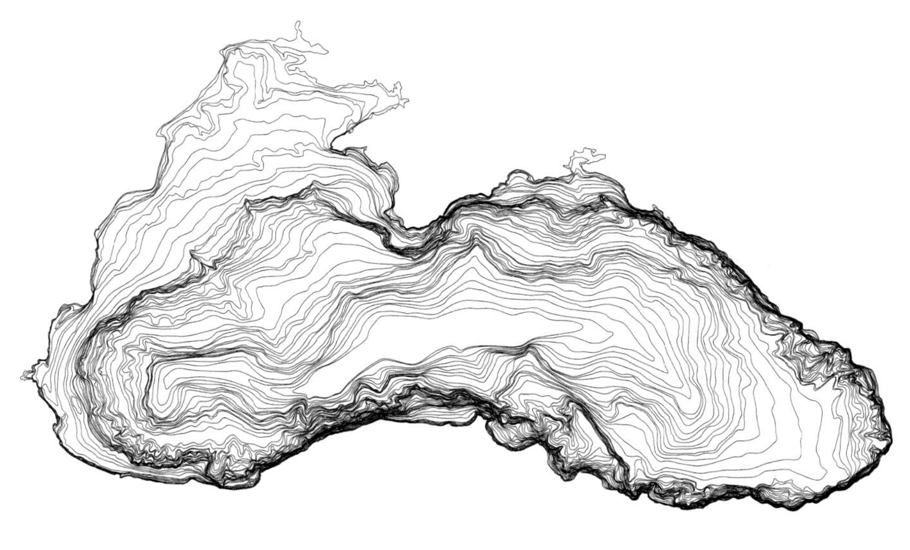

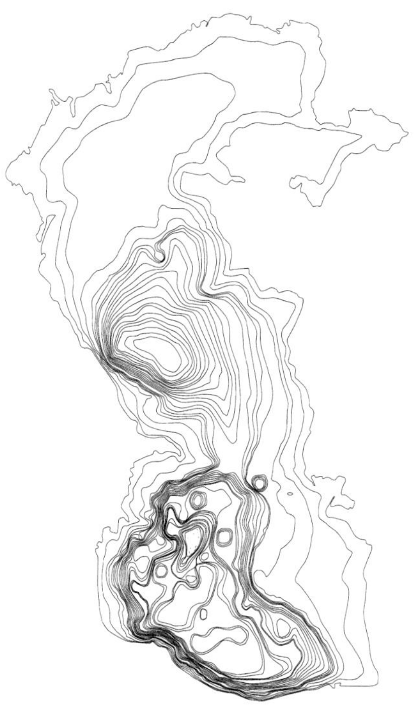

□ 《水体：里海》，2006 年

□ 《水体：红海》，2006 年

 □《地图景观》（兰德·麦克纳利，《新世界地图》，1981 年），2006 年

□ “坑洞”系列，1997 年

《水体》，纽约州芒廷维尔，风暴国王艺术中心，2009 年

《水体》展出的作品集中表现我对水的形状与流动的兴趣。《水珠》是玻璃铸成的“水滴”，复制了水在泼洒到地板的瞬间形成的形状。《针河：哈德逊》由上千枚大头针组成，它们嵌在艺术馆的墙面上形成哈德逊河的幻影。大型作品《流》由成千上万块独立的 2×4 厘米木板组成，摆放出的形状让人想到一个简单的起伏的波浪，其用料都是经由森林管理委员会（FSC）认证的木材。《银切萨皮克湾》是展现切萨皮克湾的银制雕塑，让经过回收的银变成一件审视美国退化最严重的河口的作品。

□ 《针河：哈德逊》，2009 年

□ 《水珠》，2007 年

□ 《流》，2009 年

《这里和那里》，伦敦佩斯画廊，2013 年；纽约佩斯画廊，2013 年。

《这里和那里》这个展览分为两部分，在伦敦和纽约的佩斯画廊分别展出。通过这个展览，我从当地和全球两个角度探索自然世界。

展出在纽约的部分聚焦曼哈顿和纽约州的地形（《这里》）。伦敦的展览则探索自然现象，不仅限于伦敦，还拓展到欧洲、亚洲、非洲和北极圈（《那里》）。

两个展览都从一张截面图开始，勾勒纬线切出的两座城市截面上海平面上下的地形，纽约还有经线截面的地形。我对一种非常传统甚至可以说是俗套的材料——白色大理石很感兴趣。同样吸引我的还有一种非常机械化的表现方式，用环形作品表现纬度，用条形作品表现经度，以此展示地壳的横截面。

我的重点落在两座城市的主要水体上。《那里》包括一个基于某些已消失的大型淡水水体和北极冰盖创作的系列雕塑作品。

纽约的展览中，我用回收银创作了伊利湖和安大略湖的雕塑。在这件名为《银尼亚加拉》的作品中，我们以往看来的巨大（瀑布）变成了两个宽广湖泊的微小连接。对于揭示自然不为人知的一面，我充满兴趣。以此为灵感我创作了一条针河，描绘了曾经存在而今已隐于历史的河流，同时捕捉飓风桑迪在纽约和新泽西地区引发的洪水的水位最高。

两个展览都想把人们置于其所在之地的当地感之中，并由此开始冒险，去探索世界的各方各面，比如勒拿河或多瑙河河口，将我们与更大的世界版图联系起来。

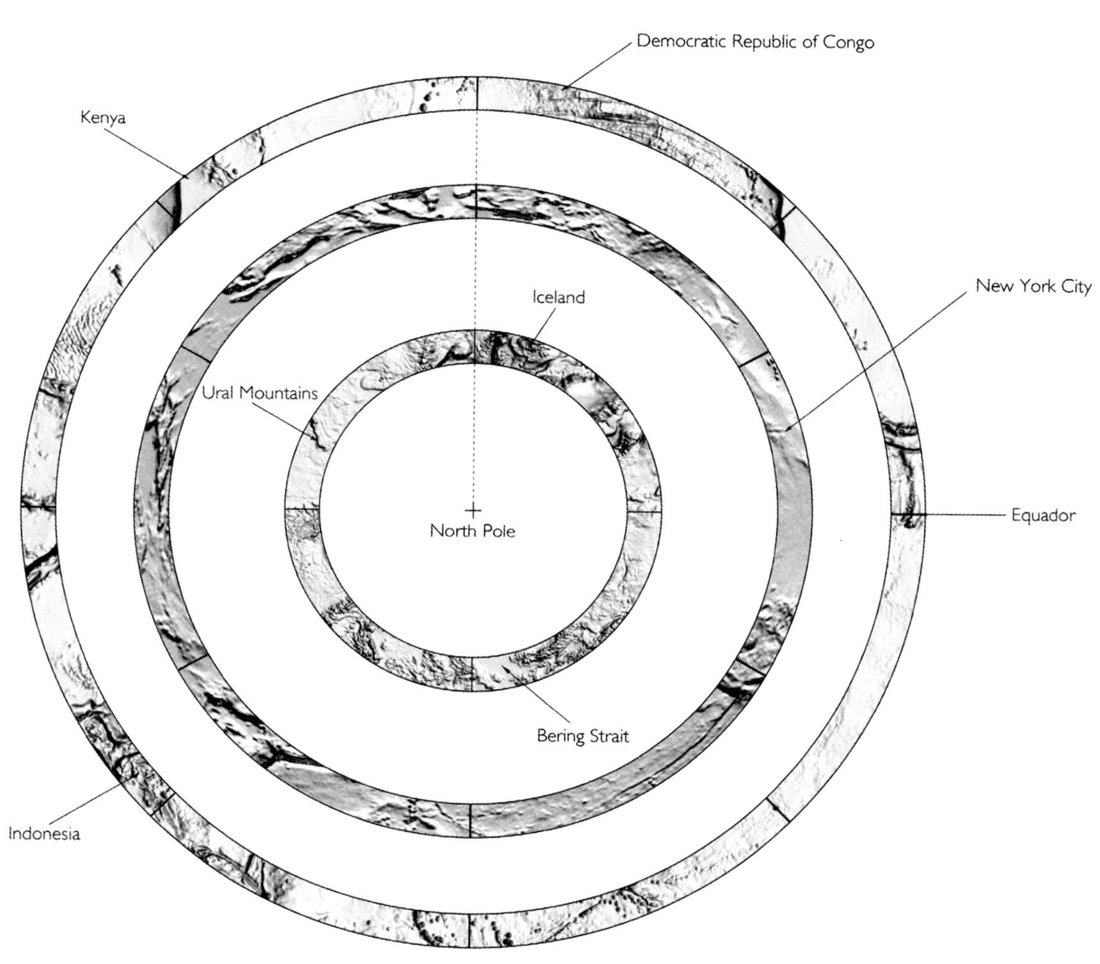
Democratic Republic of Congo
Kenya
New York City
Iceland
Ural Mountains
North Pole
Equador
Bering Strait
Indonesia

□ 《环绕世界×3》图解

《在水的边缘》，纽约州水磨坊，帕里什艺术博物馆平台，2014 年

《针河：桑迪》描绘了飓风桑迪引发的洪水泛滥的范围，所用的大头针有上千枚。我想把焦点放在水 / 大地，以及那些能够让人们知道他们在哪儿的作品上。三件新的回收银作品——《阿卡波纳克港》《乔治卡潟湖》和《梅科克斯湾》——都与博物馆所在的长岛东区有关系，展示了这三个市内主要水体的形态。三件大理石雕塑——《北极圈》《纽约纬度》和《赤道》——反映了地球上上述三个位置的地形，并以同心圆的形式摆放于博物馆地面，揭示地球水面以下不为人知的起伏。

《河流与山》，马德里象牙画廊，2014 年

在西班牙的第一次展览，我被水与大地同时吸引。西班牙的地形是既有山川起伏又有大河（塔古斯河）蜿蜒的，这是充满力量的地形展示。比利牛斯山的最高峰阿内托峰，成为两件线性景观的视觉焦点，塔古斯河则变成针河作品。

《北极圈》，里诺内华达艺术博物馆，2014 年

气候变化的加剧使我对水体边缘的上升水流及变化愈发感兴趣。没有什么地方比北极和南极更能清楚展示这种现象，因而此次小型展览将三件聚焦上述现象的作品组合在一起。

北流的河水化身针河，代表了所有流入北极圈的河流。而“消失的水体”追溯了从 20 世纪 70 年代至今北极冰面的消逝。它由一整块大理石块雕刻而成，最近的在最上层，精确地展示了薄薄的冰层快速消失的过程。第三件作品用闭合的纬度截面环表现北极圈的地形。

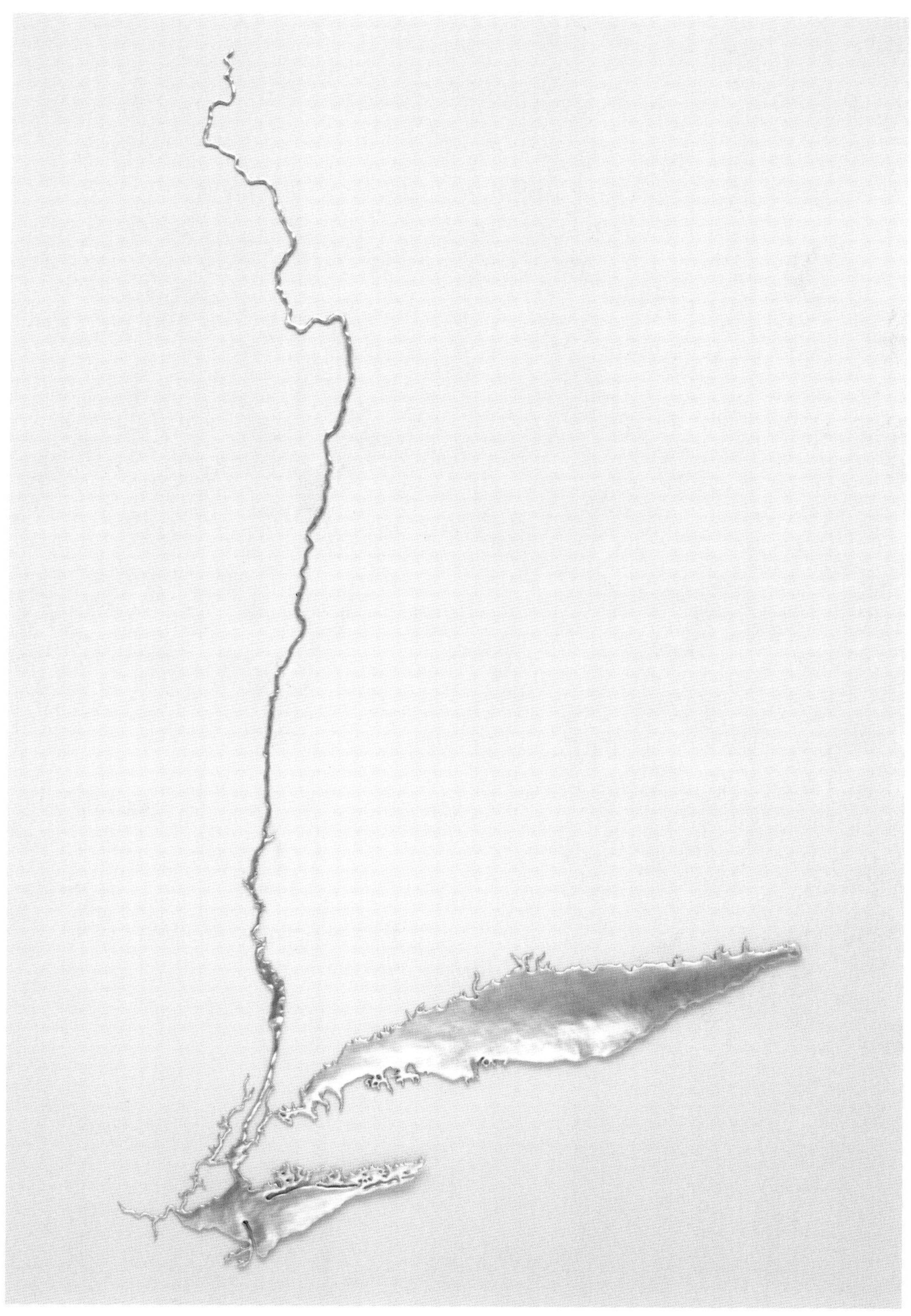

□《银哈德逊》，2011 年

□ 《这里和那里》，展览现场，伦敦佩斯画廊

□ 《这里和那里》，展览现场，纽约佩斯画廊
□ 204—205 页：《银尼亚加拉》，2013 年

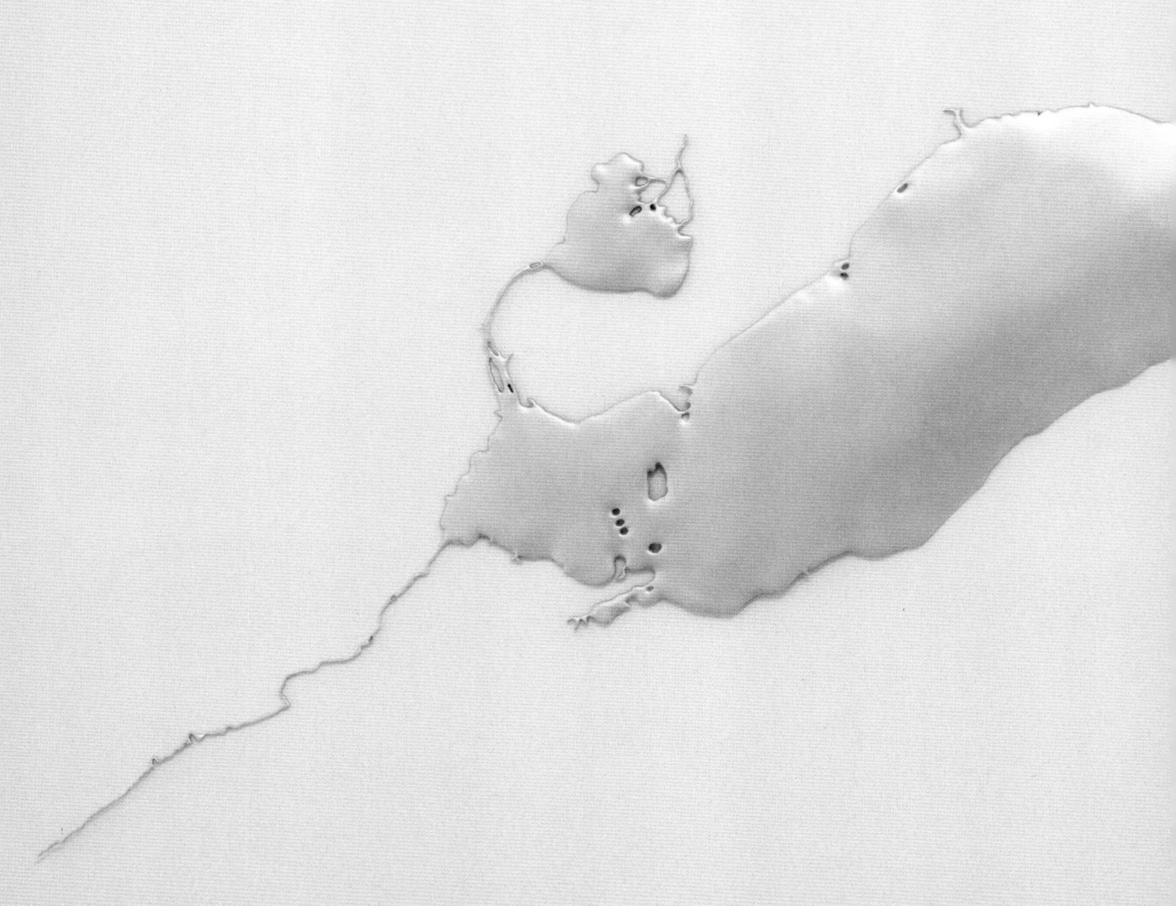

□ 《针河：桑迪》，2013 年

□《在水的边缘》，展览现场，纽约州水磨坊，帕里什艺术博物馆

□ 《环绕世界×3》，2014 年

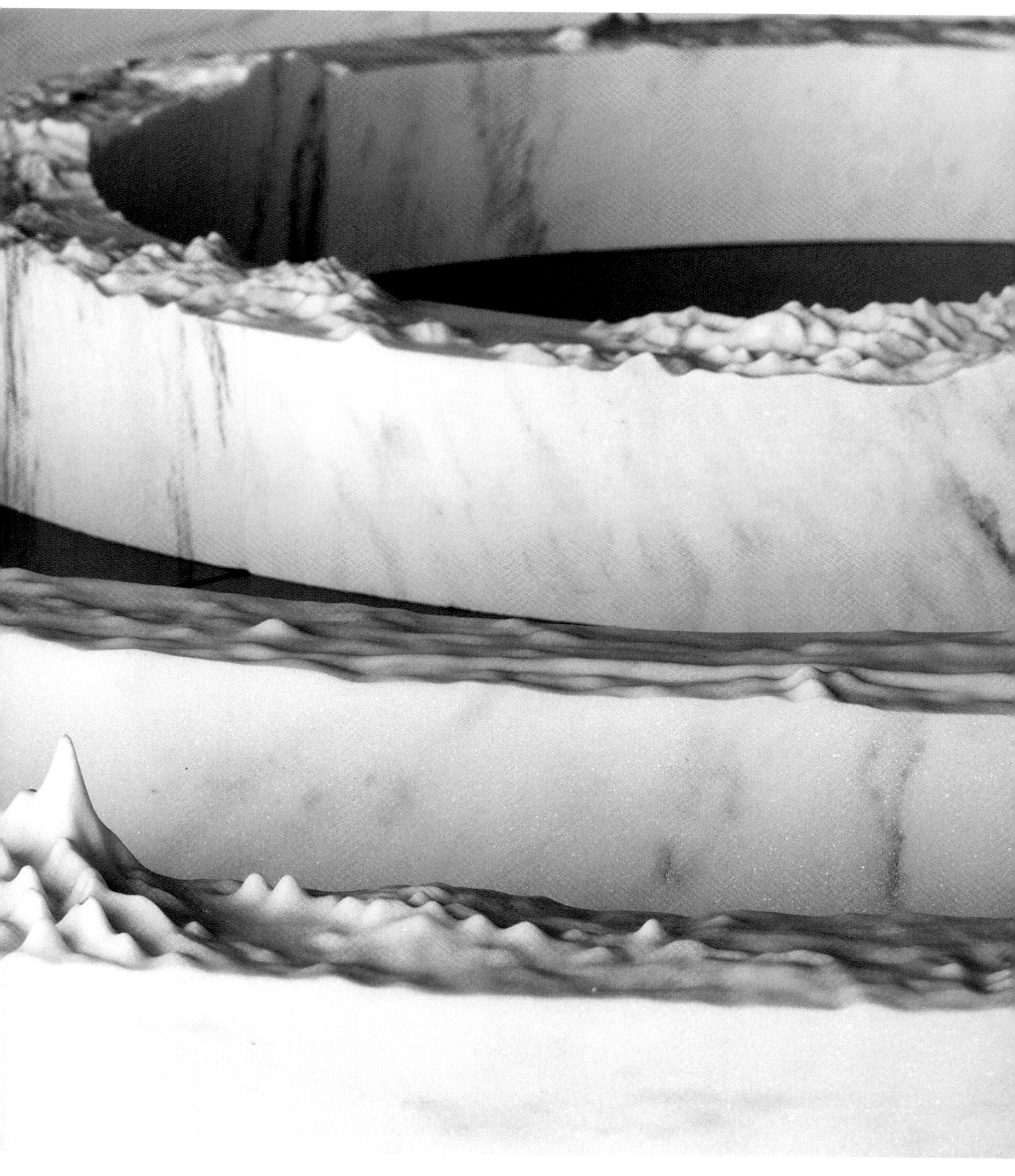

□ 《河流与山》，展览现场，
西班牙马德里，象牙画廊

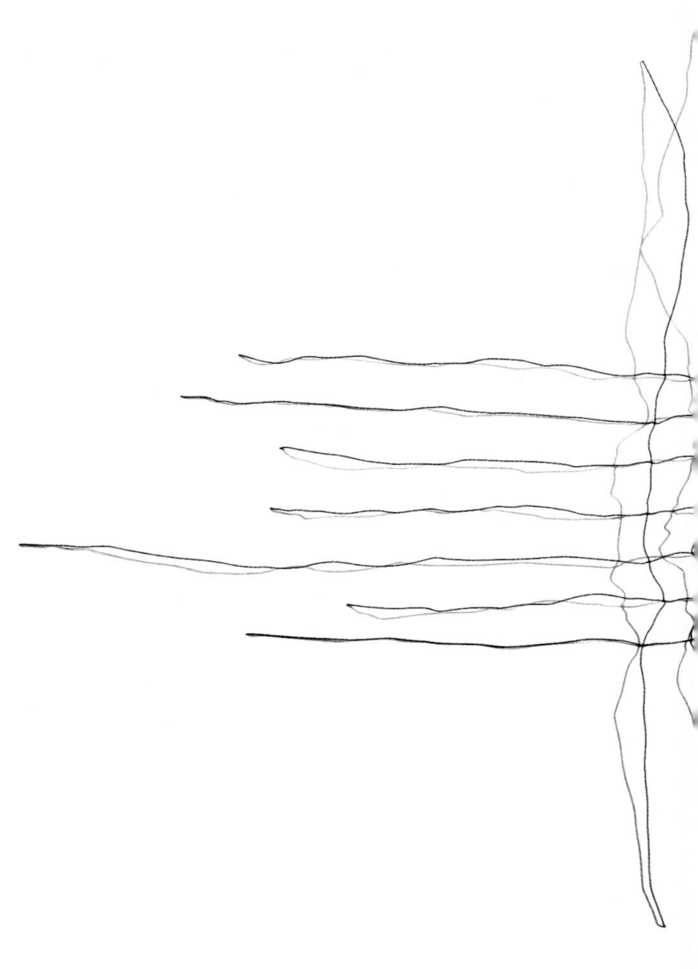

□ 《线条景观（珠穆朗玛）》，2012 年

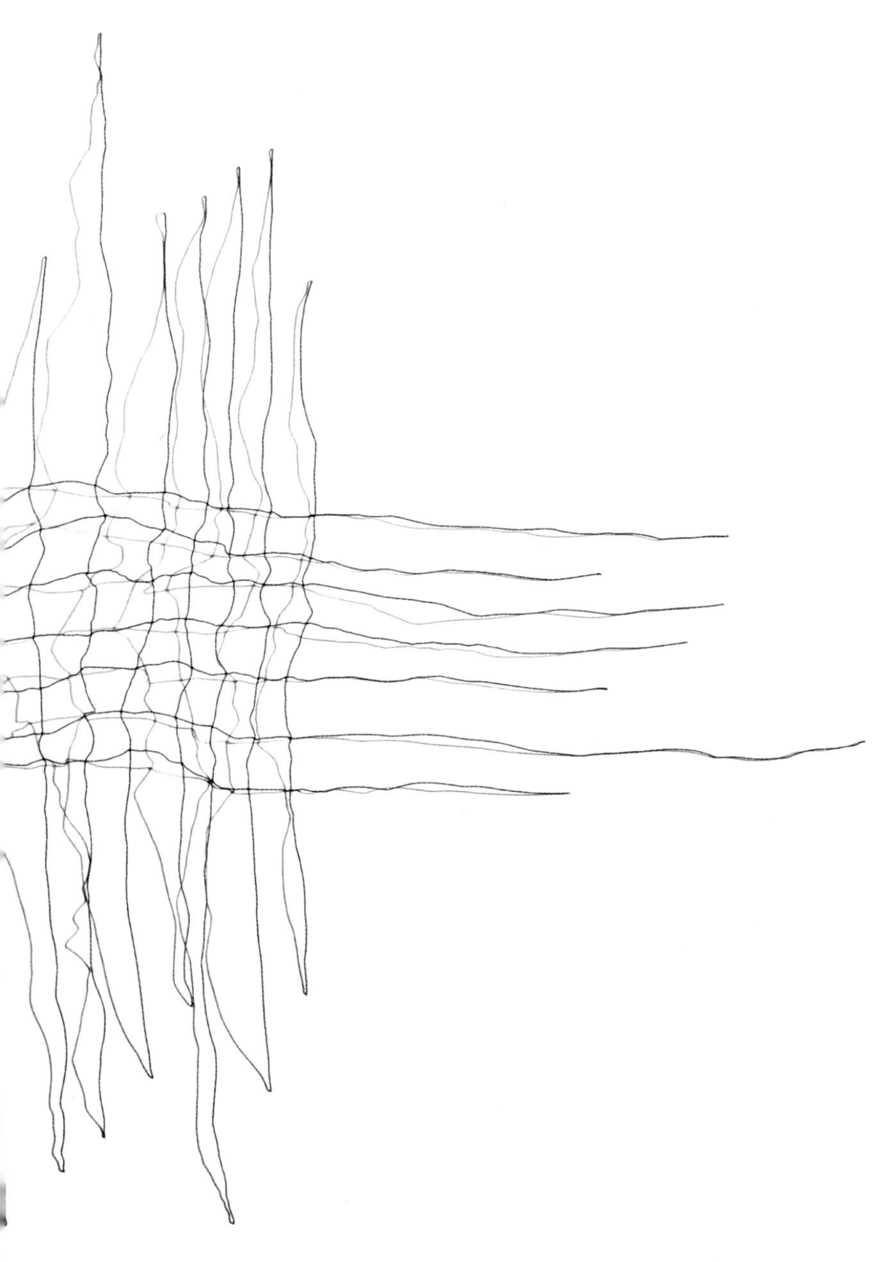

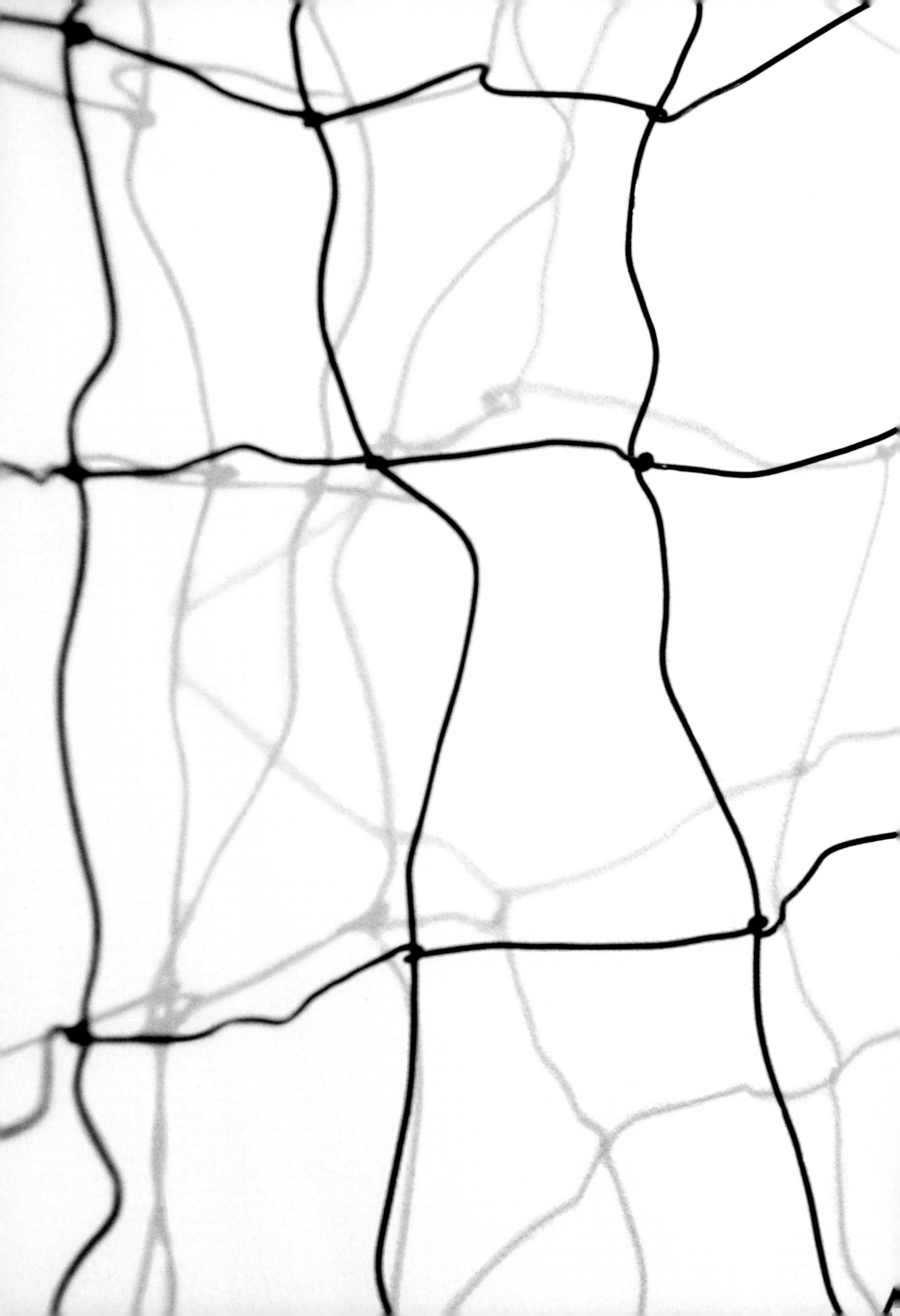

□ 《针河：塔古斯流域》，2014 年

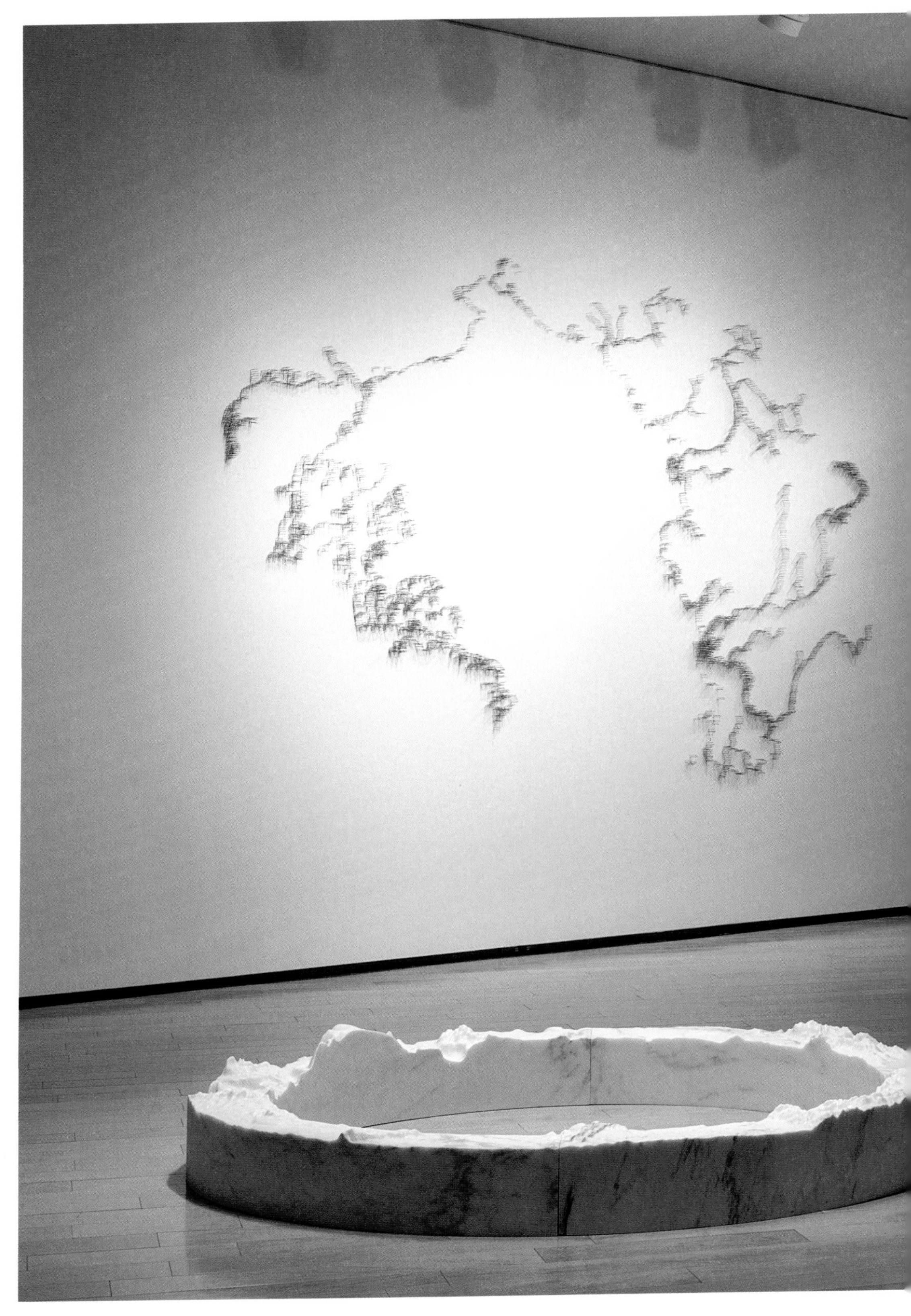

□ 《北极圈》，展览现场，内华达州里诺，内华达艺术博物馆

□ 《逐渐缩小的北极》（1979—2011 年）

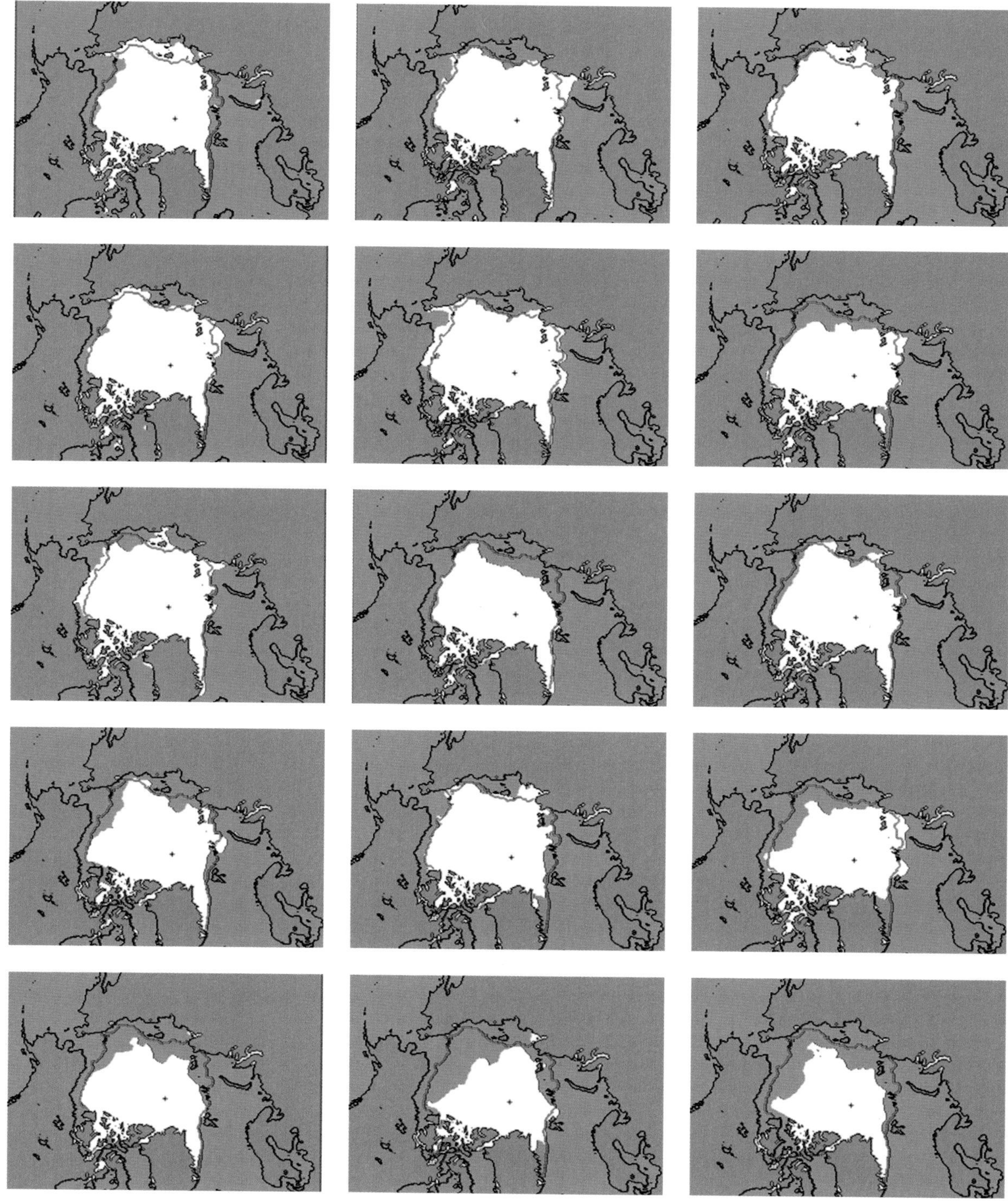

□ 《消失的水体：北极冰盖》，2013 年

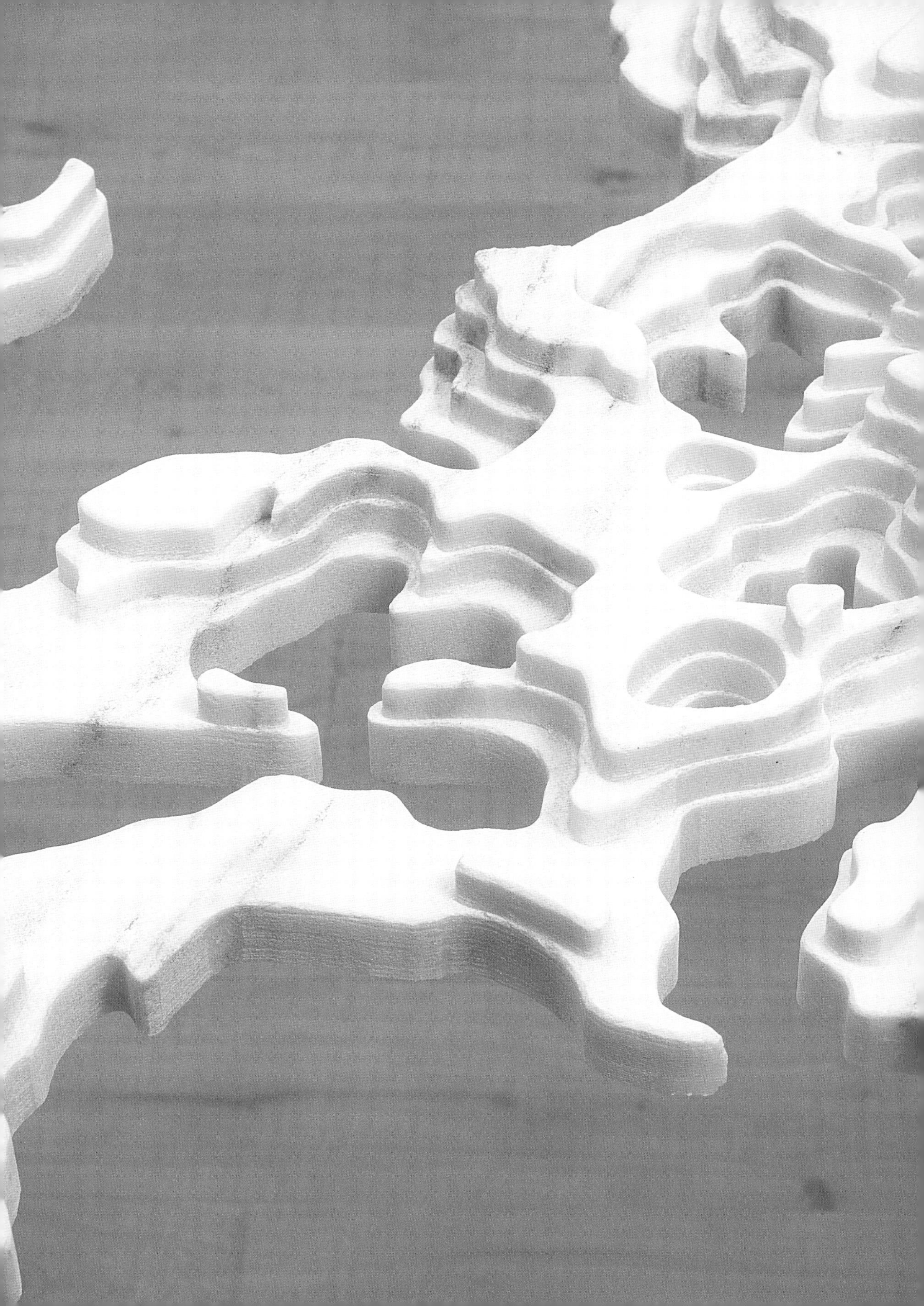

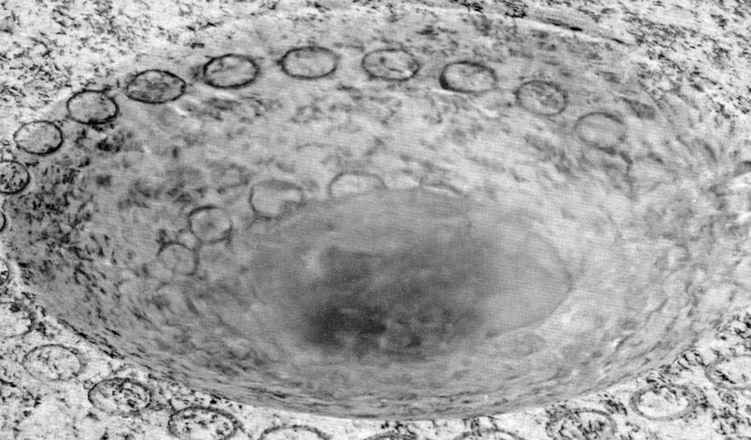

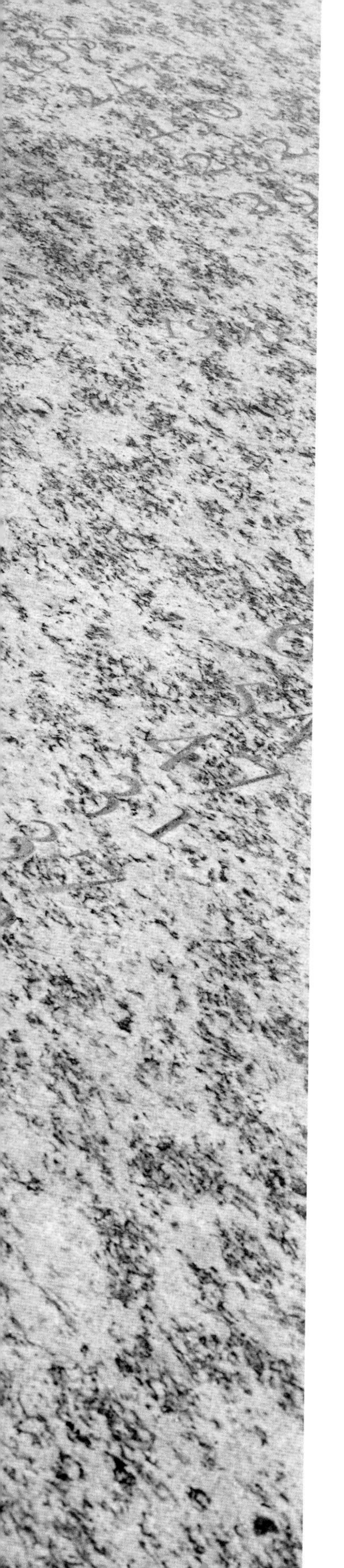

记忆之作 II

《公民权利纪念碑》 228

《女性之桌》 234

MAYA LIN:
TOPOLOGIES

《公民权利纪念碑》，亚拉巴马州蒙哥马利，南方贫困法律中心，1989 年

第一次去蒙哥马利，在南下的飞机上，我阅读了民权运动的相关资料，小马丁・路德・金博士的演讲《我有一个梦想》中的一段话引起了我的注意：

> 我们现在并不满足，我们将来也不满足，除非正义和公正犹如江海之波涛，汹涌澎湃，滚滚而来。

我立刻意识到这座纪念碑会与水有关，上述文字就是设计的灵感。

我在一张餐巾纸上快速画出草图，笔下的线条最终演变成一个弯曲的水墙和一个圆形石制水桌：前者分割广场上下两部分，后者撰刻民权运动的历史。

随着对这段历史的深入研究，我意识到美国的民权斗争是一场民众的运动，个人的行为能够真正改变历史。

圆形桌面上顺时针刻着一条民权运动时间线，从 1954 年布朗诉托皮卡教育委员会案开始，到 1968 年小马丁・路德・金博士被刺事件结束。1954 年和 1968 年之间留下一段间隔，指向这段持续的历史之前和之后的时间。

我决定将小马丁・路德・金博士的那段话刻在带有弧度的水墙上，献给为了种族平等的持续斗争。

桌面文字的设计或多或少地模仿了时钟或日晷，具体的时间点或日期沿着桌面外沿顺时针排成一圈，民权运动的历史事件和运动中遇害的 40 位公民交织在一起。在我集中精神设计纪念碑的时候，南方贫困法律中心召集专家还原历史原貌。

逐渐走近这个 14 吨的雕塑，基座很快消失，空间里仅剩你和一个纯粹的文字平面——纯粹的文字，纯粹的历史。

水流经过精密控制，在流过圆桌的时候速度慢到几乎无法察觉——看上去似乎是静止的，直到参观者用手去触碰，与圆桌进行交流。我想完全捕捉水的力量，精确控制水的流动，让水的能量看上去似乎是从石头里生发出的。

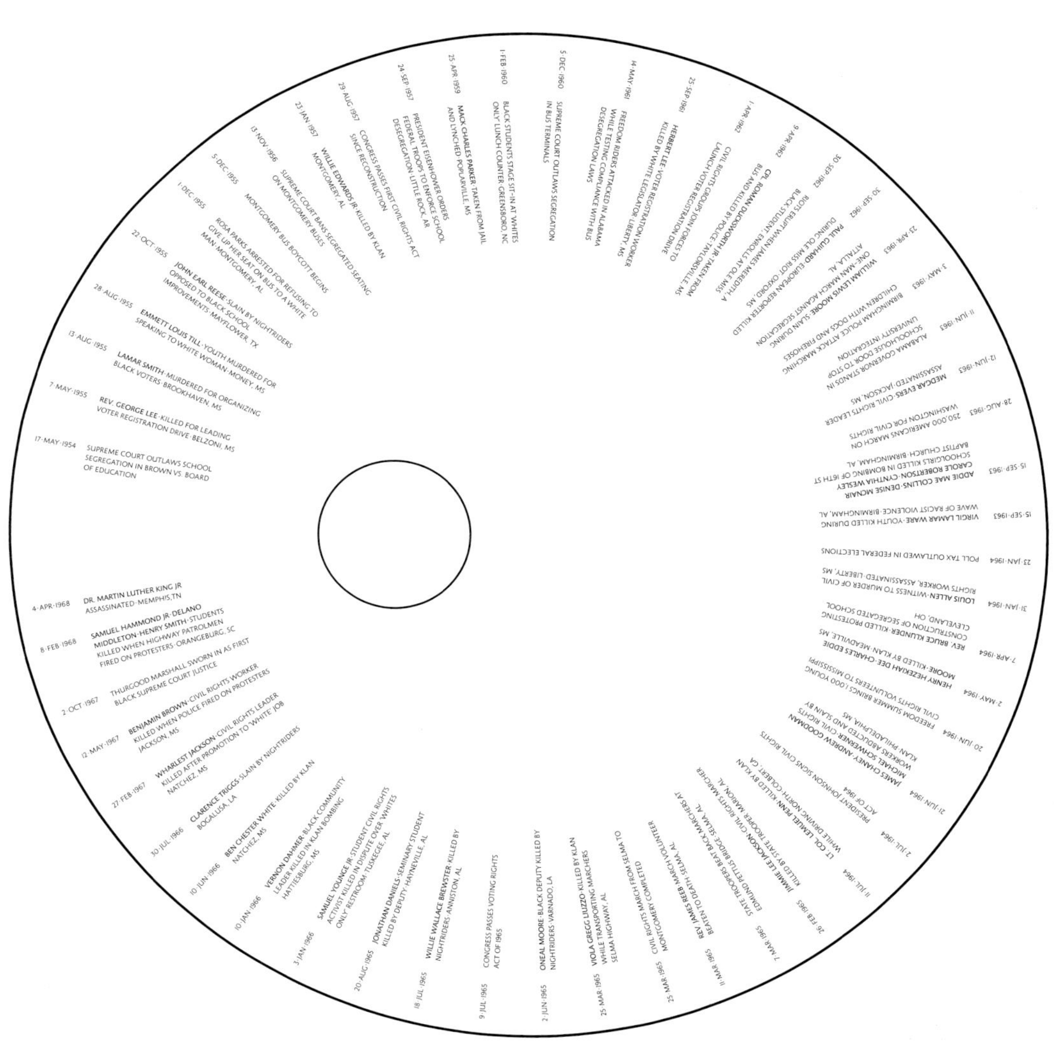

...UNTIL
AND

CE ROLLS DOWN LIKE WATERS
OUSNESS LIKE A MIGHTY STREAM
MARTIN LUTHER KING JR

CIVIL RIGHTS MARCH FROM SEL
MONTGOMERY COMPLETED
STATE TROOPERS BEAT BAC
7·MAR·1965
EDMUND PETTUS BRIDGE
JIMMIE LEE JACKSON
26·FEB·1965
KILLED BY STATE TR

《女性之桌》，康涅狄格州纽黑文，耶鲁大学，1993年

我受邀为耶鲁大学招收女生20周年创作一件艺术品。研究过程中，我很快意识到，从20世纪70年代开始，女性已经进入研究生学院，融入耶鲁大学的历史。而在此之前，她们可以旁听——不过在一份历史记录中她们被称为“沉默的旁听者”。

椭圆的桌面上刻着一个数字组成的旋涡，记录女性在耶鲁的存在——每年的入学女生人数，从不被接受的20世纪初开始直到现在。

螺旋从水源处开始，随着每年入学人数的增加，螺旋变得越来越宽。选择螺旋图形是为了标志一个开始，而把开放性留给未来。最后一个数字代表雕塑建成那一年进入耶鲁的女生人数。

石头的颜色（湖蓝色）也是耶鲁大学的颜色，数字的字体（Bembo）是耶鲁在它的蓝皮书——课程目录——中用的那种古怪的字体。

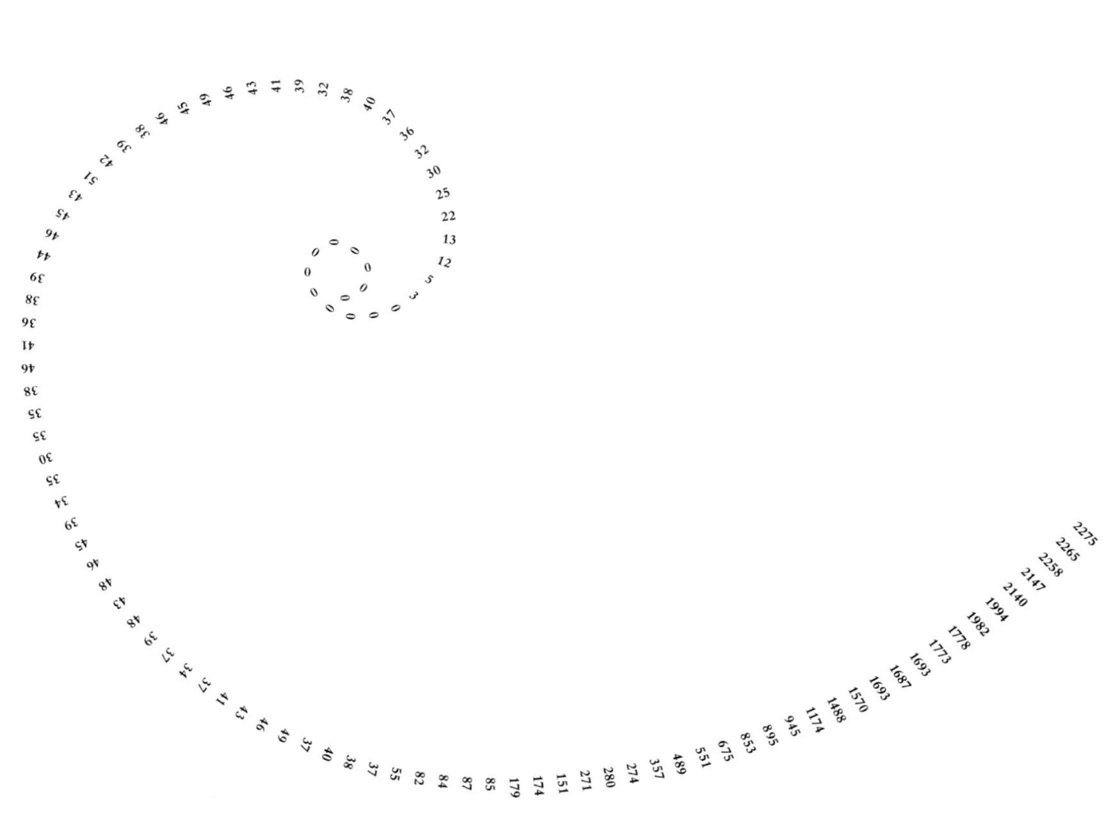
0
0
0
0
0
0
0
0
0
0
0
0
3
5
12
13
22
25
30
32
36
37
40
38
32
39
41
43
46
49
45
46
38
39
42
51
43
45
46
44
39
38
36
41
46
38
35
35
30
35
34
39
45
46
48
43
48
39
37
34
37
41
43
46
49
37
40
38
37
55
82
84
87
85
179
174
151
271
280
274
357
489
551
675
853
895
945
1174
1488
1570
1693
1687
1693
1773
1778
1982
1994
2140
2147
2258
2265
2275

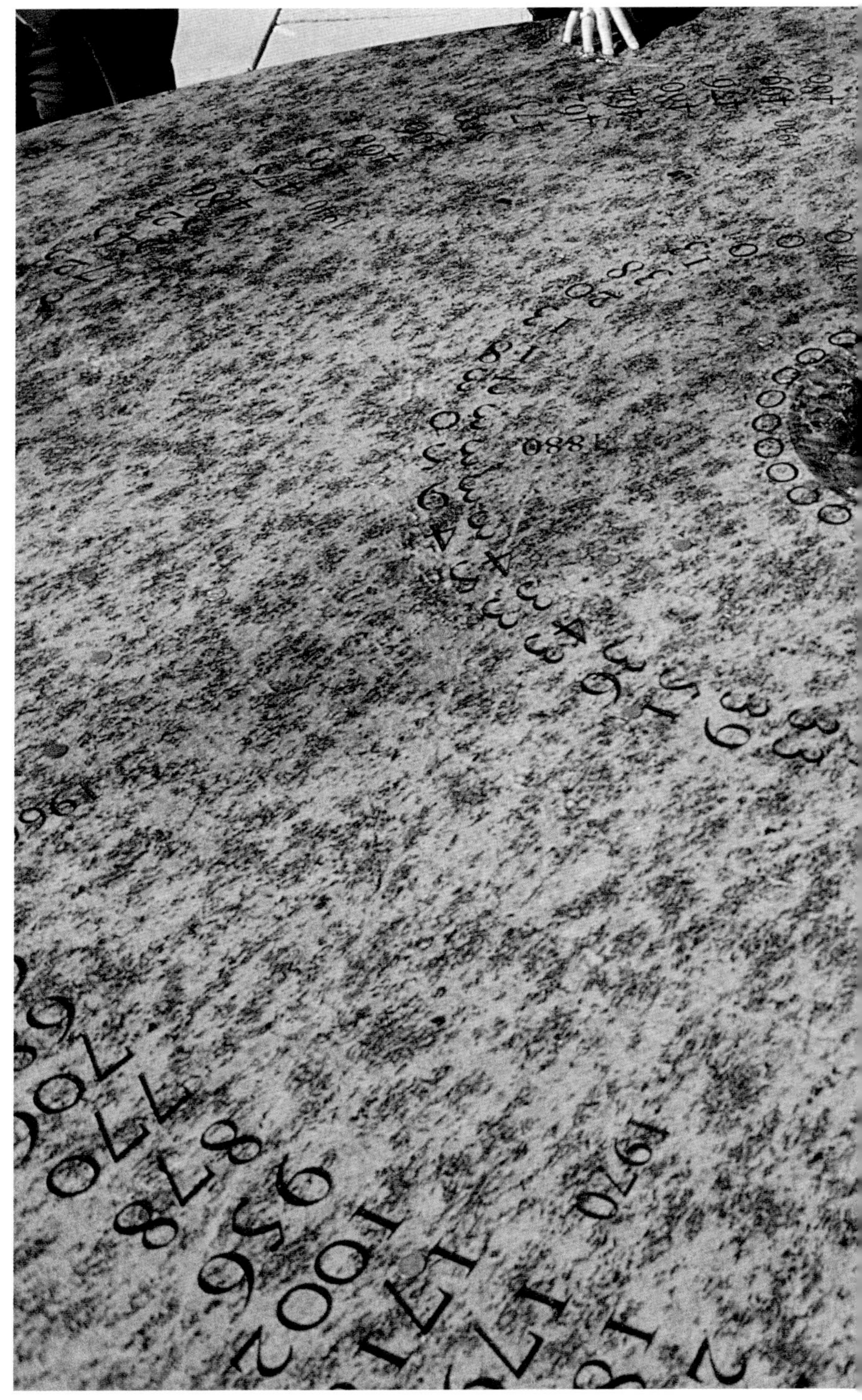

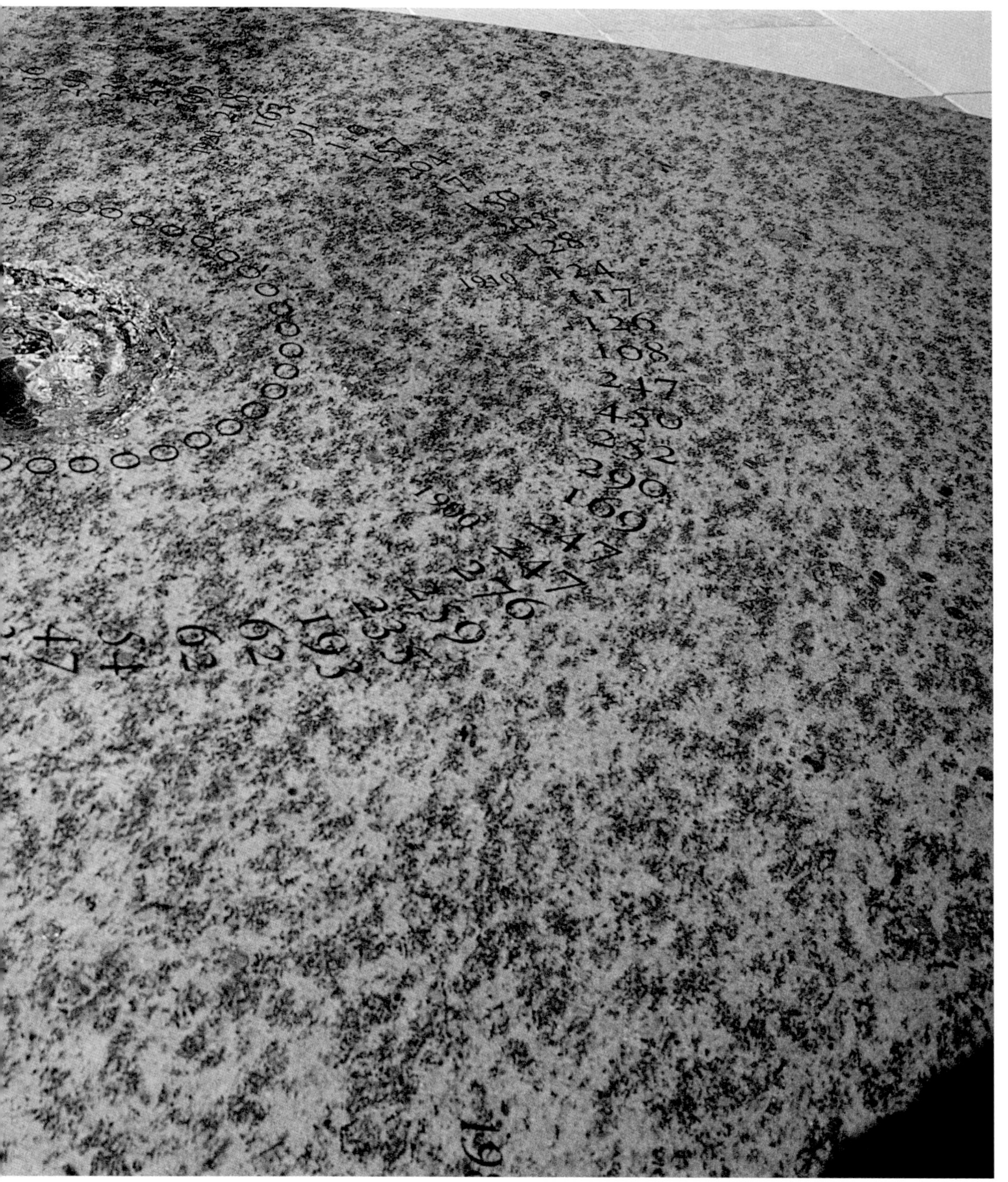

READING A GA

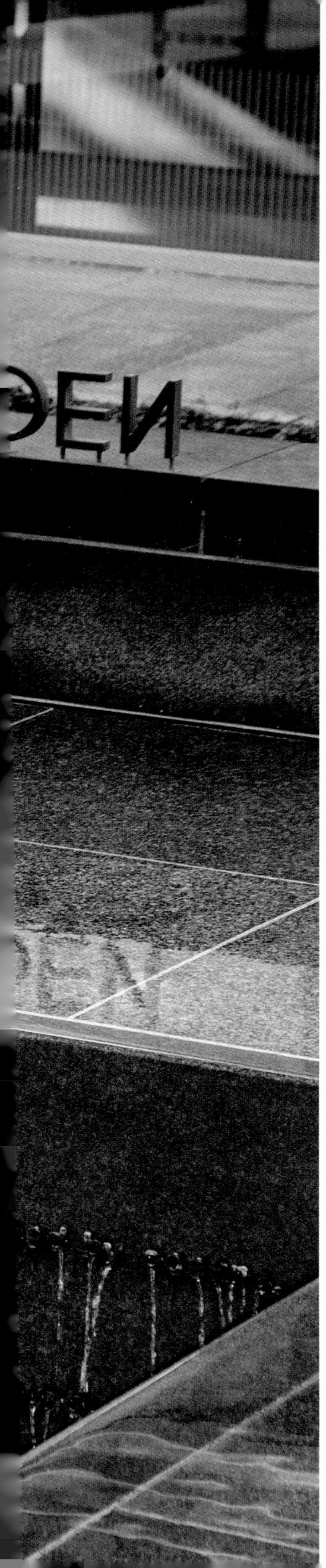

语言花园

界限之间 / 菲利普·朱迪狄奥 242

俄亥俄三部曲 250
《阅读一座花园》/《输入》

《集会所》 262

《画室》 270

“星座”系列 280
《黄道》/ 艾伦·S. 克拉克希望广场

《真理钟楼》 296

MAYA LIN:
TOPOLOGIES

BETWEEN
BOUNDARIES

界限之间

菲利普・朱迪狄奥

这一部分的作品，它们的名字可以看作对花园核心概念的挑战：《阅读一座花园》《输入》《集会所》《画室》《黄道》、艾伦・S. 克拉克希望广场和《真理钟楼》。这并非偶然。林璎的作品跨越各种如今仍倾向于分立的学科。早在1986年获得耶鲁大学硕士学位之前，林璎就收获了名声。1982年，她完成了位于华盛顿特区的《越战阵亡将士纪念碑》的设计。之后她的创作都处于艺术、建筑与自然的交界处。谈到《海啸》这件作品时，林璎说："在一幢建筑的空间中不使用建筑语言，而是去创作一件拥有自己的场地感的雕塑作品，这对我来说至关重要。这让我有机会在一个城市或一幢建筑的背景下设计景观。"[1] 在华盛顿特区国家广场的地面切开一条黑色的花岗岩切口，林璎创造了一种界限——在生与死之间，在地表与地下之间。她敢于揭示这种空白，这或许是最重要的。处于学科的边缘却稳若泰山，这样的位置，是对林璎作品最好的定义。"超乎想象的困难，有时让人沮丧到底，"1994年在一次关于《海啸》的采访中，她说道，"这样一种怀疑让人难以置信：如果你对两个不同领域感兴趣，就是对这两个领域的轻视。我爱建筑，爱雕塑，但我无法在两者之间选择。雕塑对我来说是诗歌，建筑是散文。"[2] 林璎曾对自己的景观理念做出精准描述，谈及建筑时她说："在我看来，建筑不是一种包含空间的形式，而是一种体验、一个通道。"[3]

建筑和雕塑不是林璎花园中仅有的组成，文字是其重要角色之一，就像《阅读一座花园》或《输入》所展现的那样。文字于前者中明显可见，并以一种直接（有时是镜像）的方式融入观者的体验过程。后一个花园中，文字是“雕刻出来以类比二进制的符号”的，近乎抽象，但也因此唤起对墓园的记忆。虽然在林璎手中，纪念碑或花园有不同的用途和意义，但表现方式类似，都直接指向她的创作方式，确切地说，是她作为艺术家的原创力。为此她解释说：“景观项目是我作品的一大分支，但获得的关注不及纪念碑作品。艺术和建筑作品会吸引更多人，但我设计景观的方式与我设计建筑的过程如出一辙。我将它们都看作功能性艺术作品，从创作冲动的角度来说，与室内展览和大地艺术作品截然不同。纪念碑——尤其是越战纪念碑和‘汇流’（俄勒冈州，哥伦比亚河谷，2006—2016 年）这两座，都横跨了相同的两个领域。越战纪念碑的设计纯粹来自艺术，最初的冲动是切开大地；至于‘汇流’，则由艺术、建筑和景观等不同部分共同组成。我想把这些看作不同的轴线——艺术、建筑和纪念碑，相互独立，但追求相似的感受与趣味。”[4]

吸收什么

林璎会跨越通常是用以区别各个行业的界限，这一能力源自她的文化、教育和哲学观。林璎的父母分别来自北京和上海。母亲是俄亥俄大学英语与亚洲文学的教授，父亲是一位陶瓷艺术家，同时担任俄亥俄大学艺术学院院长。这里再现的许多花园作品带有宇宙学意味（“星座”系列），在某些方面反映了林璎的中国血统对创作的影响。“我认为我的美籍华裔身份确实起到一定作用。有关禅或道的内容我读得不多，但我听说过让人们自己得出结论这种理念，换句话说，就是在引导人们解读作品方面没有严格规定——这是非常东方的理念。在西方人看来有时太微妙、太简单以至于几乎不存在的，却是东方文化极力推崇的。身为中国父母的女儿，我花了数年时间才在两种文化之间找到平衡。相比凡尔赛宫规整的几何花园，日本的禅意园林更让我觉得亲切。你看中国的园林，或者北京城的布局，都是有轴线的。实际上，我的父亲在中国的日式庭院长大。我不认为这是基因的问题，应该是我小时候吸收的东西决定的。”[5]

林璎在耶鲁大学读研究生的时候很幸运地遇到了弗兰克·盖里，这是她教育经历中的幸事。“弗兰克是一个老师，”她说，“当我告诉他我想和一位雕塑家合作建个什么东西而不是画草图的时候，他说：‘很好！去做吧！’于是没有任何规划，我们在佛蒙特的林地上建起了一座高四五十英尺的树屋。弗兰克真的很棒，他让我意识到处于艺术和建筑之间是可行的。我记得他说过：‘别担心与众不同，做你要做的。’”[6] 当然，林璎也创作了许多以建筑为出发点的作品，尽管她说“我从未尝试让我的建筑变成雕塑作品”，但她也确实承认“两者之间存在许多相似的地方”。这再一次解释了林璎创作过程中一个至关重要的方面，她说：“我的语言是雕塑性的。我从学校毕业时被打上建筑师的标签，然后我花费数年得出结论，其实我的根基是雕塑。”[7]

空间、光、声音的调和

很明显，尽管雕塑和建筑能解释她所有的创意，林璎没有将自己限制在这两个领域。花园一眼看去似乎是分离的，但钟楼、精心构架的墙体，都指向潜在的思维秩序。抽象，如她自己定义，为作品提供了统一的空间，同时也解释了为什么她作品的存在感如此强烈。从越战纪念碑开始，之后的作品一直如此。“我确实热爱抽象，”她说，“但我认为抽象完全可以人性化。我的意思是，你看音乐，它是抽象的，但我们却能与之和谐共处。我认为可以用空间、光、声音的调和去打动人，不用刻意为之也能让事物拥有超乎想象的人性。我更愿意关注一个地方的空间特质与体验。现代主义，在变得油滑之前，在变得过于干净之前……还有人手的触感。我的父亲做了很多家具，我和它们一起长大，我们的屋子里堆满了其他教授的手工艺品。什么是艺术，什么是手工艺，两者之间没有区别。”[8] 这种对抽象的兴趣，或许有人会说，在致力于揭示“人类之手”

这一思考过程中，学科间分化的缺席确是林璎花园设计的力量来源，就像对她其他作品的启发一样。

艺术家——这是形容林璎最恰当的词——有时会难以描述自己的“跨学科”创意，但她确实找到了这样的文字，或“字眼”，而且往往也是“抽象”的。她还大胆地解释，自己在作品中融入了许多力量，不是当下所需，却是“人性的”和永恒的。“我一直将抽象视作现代风格，但假如回到三四千年前……”她有意收住话尾，“我的雕塑就像景观。韦伯之屋（马萨诸塞州威廉姆斯，1993 年）的屋顶就像在山丘漫步。景观作为形式的再现，不是尝试重现景观，而是成为景观。我对建筑的生理和心理冲击的关注多过建筑理论。”[9] 这段话的核心在于“不是尝试重现景观，而是成为景观”。这句话让林璎的理念与花园的联系变得清晰。显然，林璎没有忽略花园设计的历史，但她在其上开辟了新天地。关于她的设计方法，从大地艺术中可以看出些端倪，但这无法解释她在“自然”材料堆积过程中对文字、墙体、星座等元素的执着运用。在《黄道》这件作品中，林璎“想象了一个倒映夜空的静水池”。水池形成了一个完美的圆，周围一圈是低矮的石环，在光纤的控制下，再现 2000 年 1 月 1 日的夜空。天顶轨道自身形成一个完美的圆，在没有任何建筑或其他自然地面结构的环境中清晰可见。欧氏几何被艺术家运用到设计中，既定的星座结构也得以再现。然而，在这样的“人工”秩序背后，是对现实的抽象，对一个不存争议的、可观测的现象的缩小重组。“黄道”，作品的名字，反映了（想象中）太阳绕行群星的轨道。这与其说是对事物本身的抽象，不如说是对永恒的抽象。

所以，与同时代设计师竞争时，越战纪念碑这条大地的裂缝，不是流血的伤口，而是已经结痂的黑色伤口，死亡粗糙的表面被磨平，刻上了那些早已不再的名字。在一国首都这样重要的位置，如此升华或者说抽象，带着那么多苦难，立时打上现代主义的烙印，时间也随之凝固。自从林璎切开了华盛顿国家广场的大地，想要理解她之后的设计道路，关于建筑、雕塑或花园的争论，只能屈居第二。她的语汇元素早在参加纪念碑竞赛的时候已经显现：大地、一面抽象的黑墙、亡者姓名组成的个人化的文字，以及一种感觉——在学科界限不再重要之处，艺术就成了一种绝对的表现形式。美国雕塑家理查德·塞拉说过，艺术与建筑的区别在于建筑为功能服务。那他怎么评价越战纪念碑呢？它既不是完全的建筑作品，也不是纯粹的艺术品。现实中，塞拉一直在寻求一座连接不同世界的桥梁，看来林璎已经找到了。

一个早已存在的世界

林璎从不否认她与艺术世界的友好关系，但她某种程度上拒绝将她的作品冠以“具有生理和心理冲击”这种评判。林璎确实不习惯将不同学科做明显区分，因为这根本不是她的认知来源，即便她是一位训练有素的建筑师。她的创意跨越了不同的领域，因此对这种创意的理解是否应更多依赖现象学——一种研究或解释主体主观经验的学科——而非其他内容，比如景观设计史？法国哲学家莫里斯·梅洛-庞蒂说过：“……我创造了一个探索个体去研究事物和世界，它具有如此的知觉性，以至于把我带入最深刻的自我，随即带入空间的特质，从空间到客体，从客体到所有事物的边界，也就是说，一个早已存在的世界。”[10]

林璎引用弗兰克·盖里推崇的自由表达作为自己创作力的来源之一。盖里1989年获普立兹克奖，在获奖感言中，他这样描述自己作品中的一些元素：“我的艺术家朋友，如贾斯培·琼斯、罗伯特·劳森伯格、爱德华·金霍尔茨、克拉斯·欧登伯格等人，都在用并不昂贵的材料创作——破烂的木头和纸张，他们在制造美。这些不是肤浅的细节，而是直接表达。它提出了这样一个问题：什么是美？我选择用已经存在的技艺，同手艺人一起工作，以他们的界限为美德。”

“绘画有一种实时性，我非常渴望在建筑中将其实现。我研究原始建筑材料，尝试赋予形式以感觉和精神。在寻求自我表达的内涵之时，我想象艺术家站在白色画布前斟酌如何落下第一笔。”[11]

不必费心在盖里表达的自由和林璎的自我表达之间建立直接的联系，就能把她和那些横跨现代艺术与建筑的思想连接起来。她也说过“空间、光、声音的调和”。越战纪念碑，或者最近的类似《画室》等作品，其中最重要的或许是某种程度上构成的虚空。华盛顿特区的裂缝自不必说，肆意爬过欧文水桌的黑色线条也是如此，都是通过缺失形成的：华盛顿特区国家广场的绿色草坪被深深切开，加州大学欧文校区的浅水槽则是一条抽象的画线。黑色长方形花岗岩石凳是浅槽的节奏切分，因为相互之间的空白，它们同样引人注目。构想纯色建筑的法国艺术家伊夫·克莱因和美国作曲家约翰·凯奇都曾探索虚空，寻求其中的精髓。谈到自己最著名的作品、创作于 1952 年的《4' 33"》时，凯奇说：“我认为大概我最好的片段，至少是我个人最喜欢的片段，是那段沉默。其中包含三个乐章，三个乐章都没有（有意为之的）声音。我想让作品脱离我的好恶，因为我认为音乐应该脱离作曲家的感觉和想法。我感受到了，并且希望带领其他人去感受，他们四周的环境声组成的音乐，比在音乐厅听到的音乐更具趣味性。”[12] 凯奇还说：“他们（听众）没有抓住要点，没有所谓的沉默。他们以为是沉默（4 分 33 秒呈现的），因为不懂如何去聆听，其实那里充满偶然的声响。你能在第一乐章听到风的呼响，第二乐章雨滴开始敲打屋顶，到了第三乐章，人们开始聊天或走动，发出各种有趣的声音。”[13] 伊夫·克莱因也是如此。1958 年 4 月 28 日，他在巴黎美术馆伊瑞斯·克莱特画廊举办了第一场《空展》。“现在我想超越艺术，”他说，“超越知觉，直达生命。我想进入虚空。”[14] 迎接参观者的是空空如也的美术馆内部，刚刚被艺术家漆成白色。如上所述，不是说林璎在追随任何一位艺术家的脚步，而是说她作品的谜底能在虚空中被找到。林璎不仅创造了像凯奇和克莱因一样的空，她还用简单的动作引发内在情绪，一切都与人的感觉有关。她的作品也许早已超越《界限》——这是林璎 2000 年出版的著作的书名，同时包含跨越界限这个行为，以及对界限之间的理解。如她自己所说，那是“一种体验，一条通道”。

至于《画室》，林璎说：“艺术容纳我们所有的感觉——视觉、嗅觉、触觉、味觉和听觉。我想创造一个聚焦所有感觉的场所。”这里的感觉是一种主观体验，以某种方式徘徊于环绕物理现实或形成作品的表面的含混的虚空之中。对林璎作品的解读，不管是花园、雕塑还是建筑，不是列举材料和形式，也不是套用建筑理论，而是准确把握这片以知觉为现实的虚空。梅洛-庞蒂写道：“可感受特性[15]

无法解释的部分，本质上，只可能是一种猛烈专横的方式给予一个单一物一丝存在感，赋予它过去与未来的完整体验。我，能看见世界，也有自己的深度。我同我看到的存在有关；我经过它，它在我身后关闭，这一点我非常清楚。个体的密度不是与世界的密度抗衡，正相反，它是走进事物核心的唯一途径，让自己成为世界，让事物有血有肉。”[16]

注释

[1] 林璎，《界限》（纽约：西蒙与舒斯特出版社，2000 年）。

[2] 卡蔓尔·沃格尔，《林璎的建筑世界？或艺术世界？》，刊登于 1994 年 5 月 9 日的《纽约时报》，2015 年 1 月 25 日摘自网络。

[3] 林璎，《界限》。

[4] 林璎 2014 年 12 月 17 日回复作者的邮件。

[5] 林璎，1995 年 5 月 25 日接受本文作者采访；详见《林璎的风景》一文，刊登于 1995 年 9 月《艺术知识》，P92—101。

[6] 林璎，《界限》。

[7] 林璎，《林璎的风景》。

[8] 林璎，《界限》。

[9] 林璎，《林璎的风景》。

[10] 莫里斯·梅洛-庞蒂，《知觉现象学》（巴黎：伽利玛出版社，1976 年）。

[11] 弗兰克·O. 盖里，2015 年 1 月 26 日摘自网络。

[12] 杰夫·戈德伯格，《约翰·凯奇访谈》，刊登于 1974 年 9 月 12 日的《SoHo 新闻周刊》；援引自理查德·科斯特拉尼茨编辑的《与凯奇对话》（纽约：聚光灯系列，1988 年）一书，2015 年 1 月 26 日摘自网络。

[13] 约翰·克卜勒，《我们所为皆音乐》，刊登于 1967 年 10 月 19 日《周六晚报》，援引自理查德·科斯特拉尼茨编辑的《与凯奇对话》（纽约：聚光灯系列，1988 年）一书，2015 年 1 月 26 日摘自网络。

[14] 伊夫·克莱因，援引自约翰·阿姆里德等人编辑的《虚空：一次回顾展》（苏黎世，JRP 荣格出版社；巴黎，蓬皮杜中心出版社，2009 年）。

[15] 概括来说，可感受特性是一种“内在的、非具象的”属性，2015 年 1 月 26 日摘自网络。

[16] 莫里斯·梅洛-庞蒂，《可见的与不可见的》（巴黎：伽利玛出版社，1964 年）。

俄亥俄三部曲

我和身为作家的哥哥林谭合作设计了一系列景观，让人们能够在体验的同时去阅读它们。我们把这些景观献给家乡俄亥俄州，让这个系列成为最个人化的、带有自传性质的作品。尽管过去常常在设计中使用文字元素，但那种形式与文字的关系更像表面装饰。这次设计的意图是将文字融入空间，创造一座花园，让文字呼应空间和人在空间中的运动。设计过程就像林谭与我来回交替阅读每一个地方。我先接触场地，画出草图；接着林谭写下一首诗；之后围绕他的文字，我给出具体的设计方案。

《阅读一座花园》，俄亥俄州，克利夫兰公立图书馆，1998 年与林谭合作设计

文字沿着园中的道路贯穿花园。不过，与我们读书的方式不同，这首诗要从不同的方向阅读。花园的中心是一个框住的空间，边框的一部分是抬高的静水池。雕塑的标题《阅读一座花园》，用凸起的字母反向固定在水池后的墙面上；于是在水池的倒影中，文字变回正向，启发从双向性和物质性两个方面使用语言。诗句本身有些像孩子的语言，几乎没有什么意义。那么在室外空间阅读它，就变成了一次不带目的性的趣味活动。

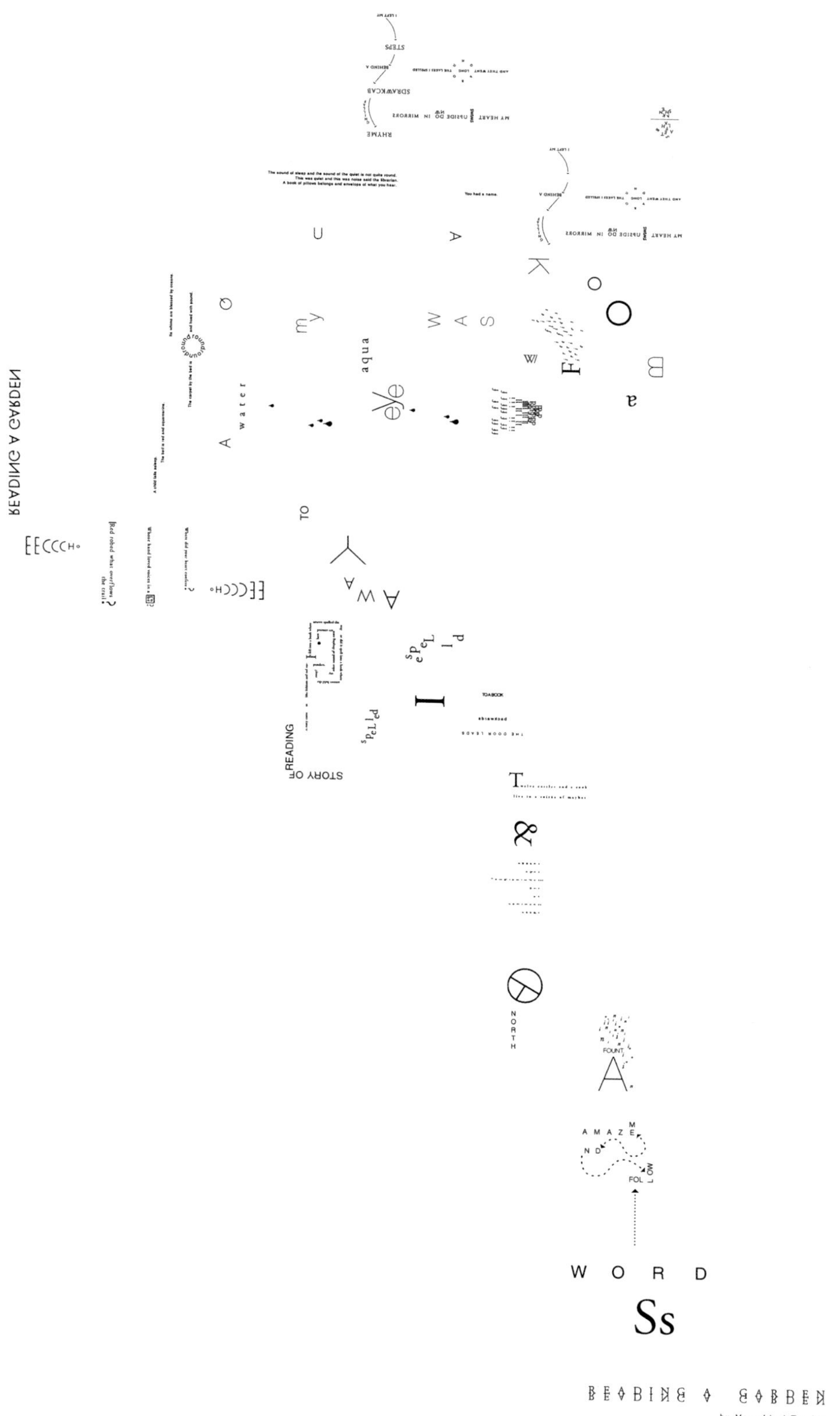

READING A GARDEN

by Maya Lin | Tan Lin

□ 《阅读一座花园》，俄亥俄州，克利夫兰公立图书馆，1998 年与林谭合作设计

STORY OF

《输入》，俄亥俄州阿森斯，俄亥俄大学，2004 年与林谭合作设计

我和哥哥在俄亥俄州阿森斯长大，我们的父母都是俄亥俄大学的教授，因此这件作品拥有个人化的历史意义。

我上中学的时候，与俄亥俄大学有了第一次正式接触。我在那里学习 Cobol 和 Fortran 两种计算机语言，在克利平格实验室度过很多编程时光。我是个糟糕的打字员，在输入数据的打孔卡上留下无数错误。这段输入的时光孕育了这件艺术品的整体形状，许多类似打孔卡的长方形嵌入大地，矩形的轮廓线上刻着文字。

选用的文字呼应我们对这个地方的共同回忆，是一种个人化的文字图像，唤起我们在俄亥俄大学和阿森斯的过去。但是这些以诗句书写的视觉回忆，比想象的更具普遍意义：任何在这里生活过的人都能产生共鸣。

我和林谭开始在奥伯林学院设计第三座语言花园，由此为我们的俄亥俄三部曲画上句号。这座花园与埃德温娜·冯·盖尔和大卫·奥尔合作，聚焦俄亥俄的生态景观，希望通过设计让人们对家乡景观有初步的认识。

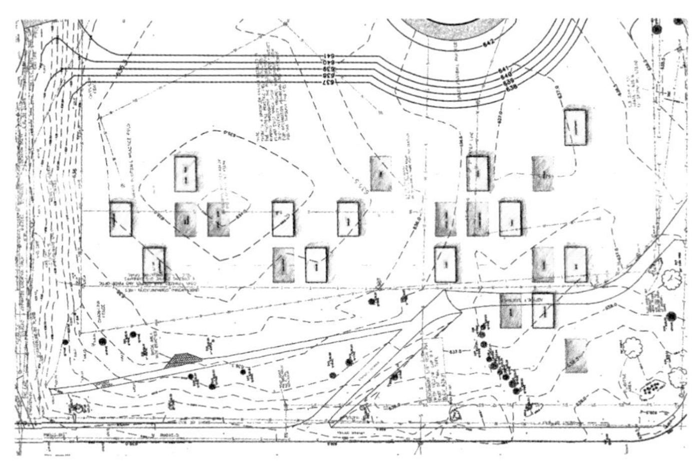

Sometimes I feel like this is
not a map but a way of connecting one thing to a feeling I am not having at the moment.
I wanted to draw a map of memories
because all memories cannot be located next to each other

"To turning the arch, to the overplush of ye plastering, to laying five harthes."
John Stevens's account book, 1726

"弯拱，石膏加绒，铺五个壁炉。"
——约翰·斯蒂文斯的账簿，1726年

"To the hard bargin that is to stoning one seller & building one stak of chimnyes & plastering the howse."
John Stevens's account book, 1726

"吃亏的买卖：给卖家铺石板，
立一个烟囱，粉刷房子。"
——约翰·斯蒂文斯的账簿，1726年

"Light airs at 5AM, hove short & made all sail awaiting for the breeze."
Log of the Ship *Atlas*, Henry A. Brightman, Master 1860

"早上5点天亮，短暂停航，等风启航。"
——阿特拉斯号航行日志，亨利·A. 布莱特曼船长，1860年

"I went to several places to invite my nabours to help me husk in the evaning & 25 coum to husk & the great part supt here."
Nailer Tom's Diary, 1809

"我去了几个邻居家邀请他们晚上帮我削皮，
来了25个人帮忙，大部分人都来支持。"
——奈勒·汤姆的日记，1809年

"To Trinity. After church, Loulie and I read up in studio and later took a lovely walk & got wildflowers. Talked in evening."
Anna F. Hunter's Diary, 1891

"去三一教堂。之后，我和露利在楼上工作室读书，后来一起开心地散步，还采了些野花。晚上我们聊天。"
——安娜·F. 亨特的日记，1891年

"Rained all day. Made jelly & did various other Housekeeping matters which consumed the morning."
Franny Clarke's Diary, 1867

"一天都在下雨。做了果冻，还做了一些其他家务活，一上午就这样过去了。"
——凡妮·克拉克的日记，1867年

《画室》，加利福尼亚州，加州大学厄文分校，克莱尔·崔弗艺术学院，2005 年
景观设计：帕梅拉·伯顿设计公司

我想用这个项目来反映艺术学院的个性与特质。思考一个艺术校园的基本元素的时候，我开始想象一座静思园，花园的中心是《画室》——一个水桌，水从桌面简单的手绘线条中渗出。第二个室外空间是放映室——一个带有草坪台阶的露天剧场，影像可以投射到对面建筑物的墙体上。

这个装置包含无数元素，塑造每个人对于此地的感性体验，视觉、触觉、听觉、嗅觉和味觉，所有感觉都被调动起来。广场入口的三个楼梯井分别被漆成红、黄、蓝三原色，夜晚点亮之后成为引人入胜的灯塔。道路相交处，灯光混合成三间色。至于声音，麦克风和扩音器记录一系列相连的户外长椅上的窃窃私语。园中道路带领人们进入种植了茉莉、百里香、迷迭香等芳香植物的广场，里面还有橘树和柠檬树，在那里味觉和嗅觉得到释放。

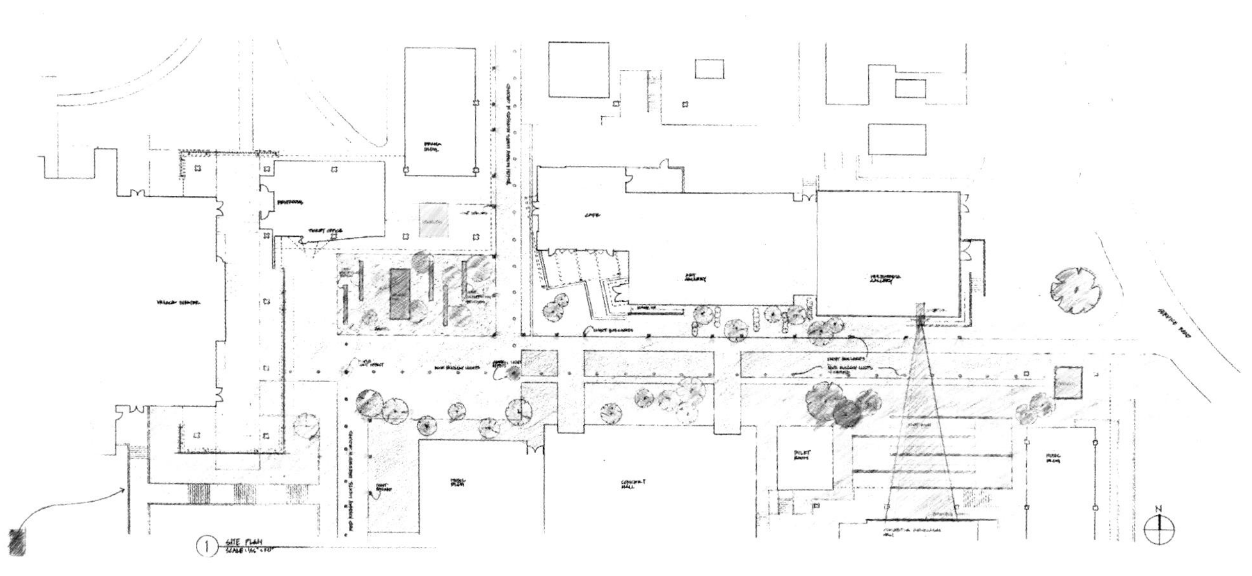
ART GALLERY
CONCERT HALL
N
1 SITE PLAN

UCI
Arts Plaza

DONALD R. AND JOAN F. BEALL
CENTER FOR ART AND TECHNOLOGY

□ 《画室》水桌草图，2005 年

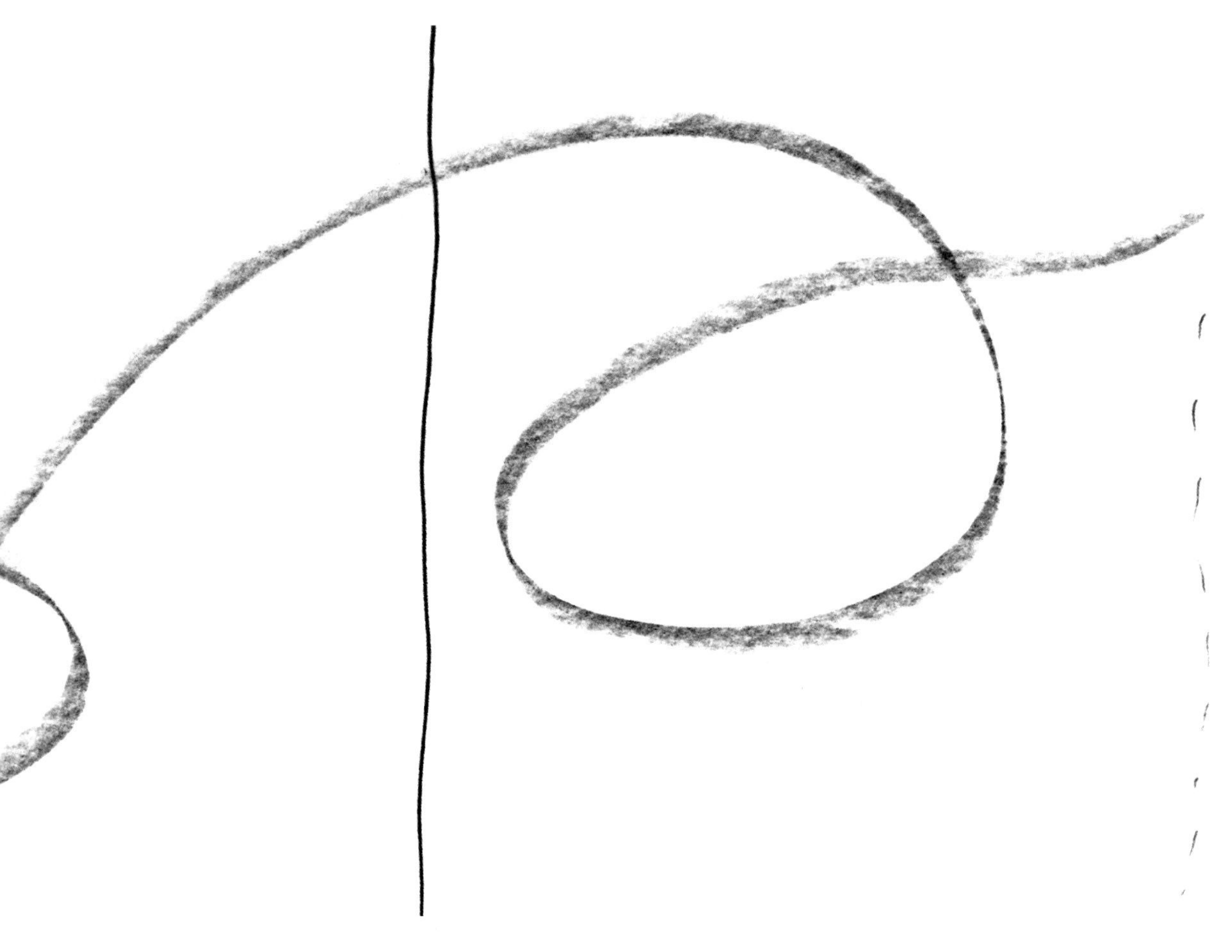

“星座”系列

这个系列三个景观的视觉中心是内置LED灯光，用景观所在地特定日期的夜晚星座来标记特殊的时刻。

《黄道》，密歇根州大急流城，弗雷基金会，2001年
景观设计：奎那尔·罗斯柴尔德及其合伙人
灯光设计：林奈·蒂利特

受城市名字启发，《黄道》这个设计的理念包含水的三种物理形态：液态、固态和气态。

南北两个入口各有一个圆形喷泉，作为入口标志。第一个喷泉是一块抬高的圆形花岗岩，水不断地从一侧的半圆流出，然后缓缓落入喷泉的前一半。第二个是一块嵌入地面的圆形花岗岩，周围是一圈低矮的隐藏喷雾石环，如此形成一个雾化的空间，人们可以环坐其上，也可以踏入其中。连接两个喷泉的步道是优雅起伏的草地，好像涌动的波浪。

公园的中心是一个圆形剧场。弧形的座位台阶好像一滴水或行星的椭圆轨道组成的同心圆环。冬天，这个圆形剧场则变身为冰场。虽说水必须在平坦、水平的表面结冰，但我还是有意将冰场周围的弧形座椅设计成有起伏的，这样当人站上椭圆形平面的时候会产生一种错觉：冰面是倾斜的。

圆形剧场的地面嵌入光纤，勾勒2000年1月1日公园所在地上空的星相，是公园在时间轴上的定位，标志进入新千年的时刻。这些星星整年可见，在冬季光线透过冰面时会有折射与放大的效果。想象中，这是一个倒映夜空的沉静池面。

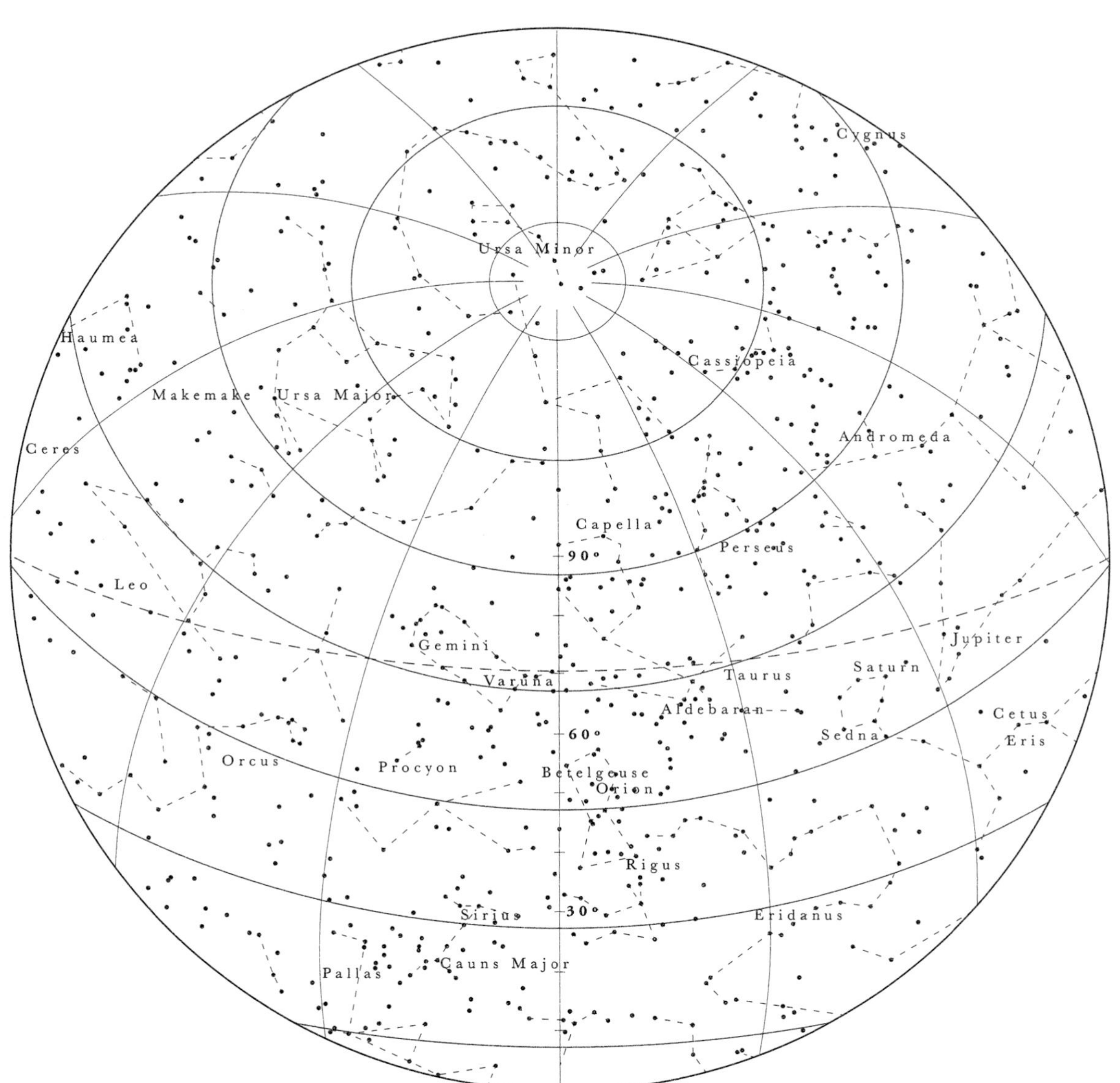

Cygnus
Ursa Minor
Haumea
Cassiopeia
Makemake
Ursa Major
Ceres
Andromeda
Capella
90°
Perseus
Leo
Gemini
Jupiter
Varuna
Taurus
Saturn
Aldebaran
Cetus
60°
Sedna
Eris
Orcus
Procyon
Betelgeuse
Orion
Rigus
Sirius
30°
Eridanus
Pallas
Cauns Major

艾伦·S. 克拉克希望广场，密苏里州圣路易斯，华盛顿大学医学院，2010 年
景观设计：迈克尔·凡瓦尔肯堡事务所，霍布斯建筑喷泉
灯光设计：林奈·蒂利特

我想营造漂浮的效果，四周有一池睡莲簇拥。从水池的一边到另一边，其旁地面的坡度较大，你可以从一边踏上圆形水体的水面。环着水池步行，水面变身悬空的碗，睡莲漂浮其中。

广场是华盛顿大学医学院 BJC 健康机构的一个组成部分。机构接收的病人都患有疑难杂症，所以我要打造一个安静祥和的避难所——花园中心一个简单的圆形花圃。沿着这个漂浮的圆形混凝土散步，会发现艾米莉·狄金森的《希望》中的诗句环绕四周。

出资建造花园的客户，他的妻子病得很重，所以花园以她的名字命名。他选择的星象灯光图案一直是个谜，直到客户亲口告知，我们才知道那是他妻子生日那天圣路易斯的星空。广场上的树、草等植物都是当地原生植物，和密苏里植物园合作选定。

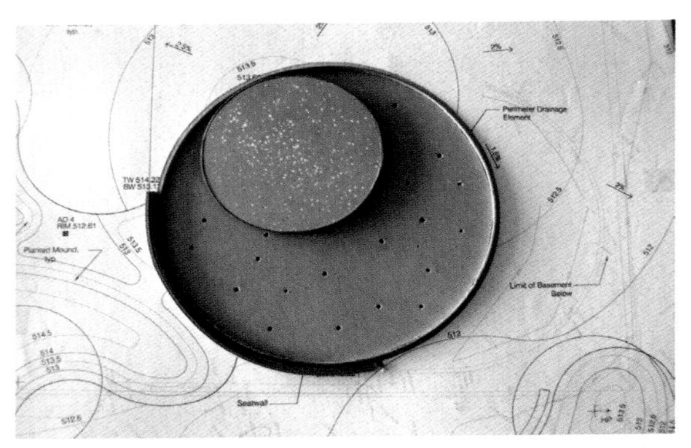

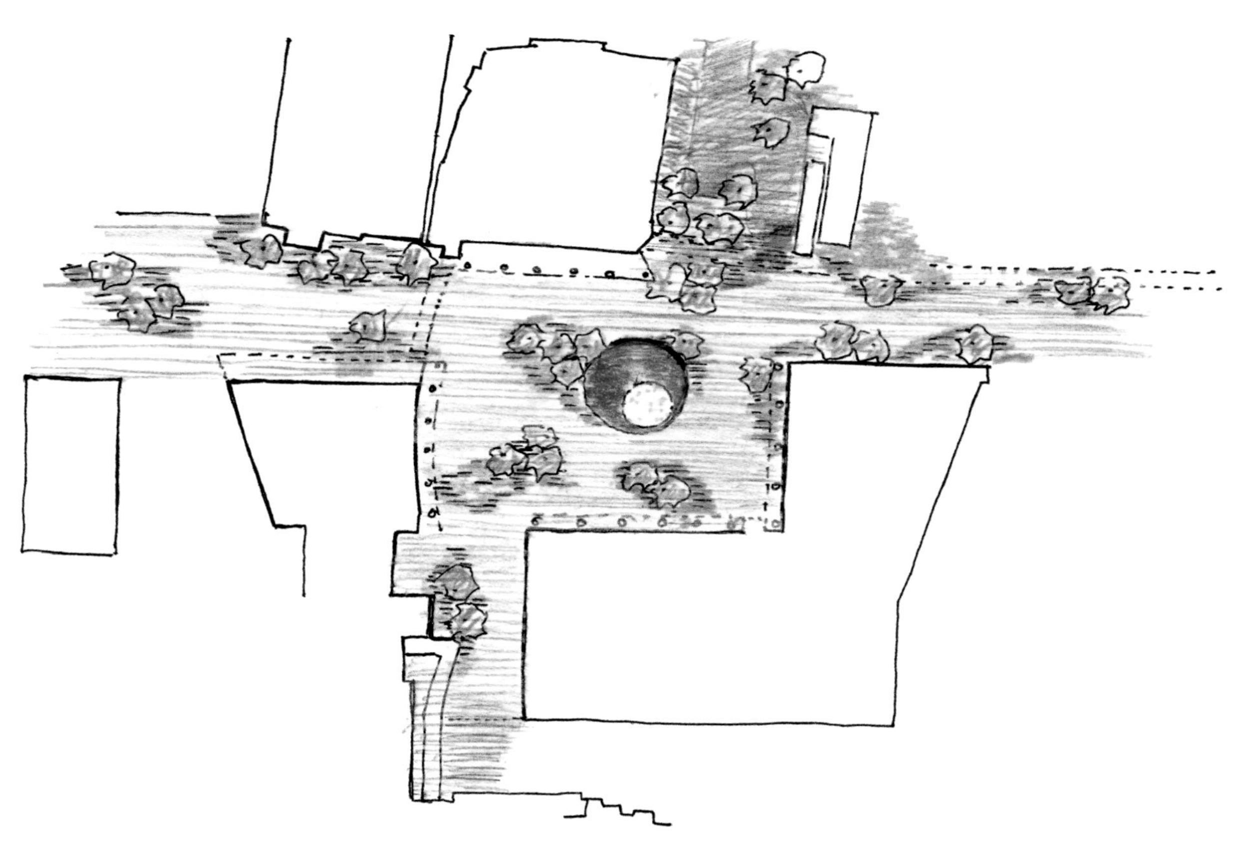

希望

艾米莉·狄金森

希望，长着羽毛
栖息在灵魂里
唱着无字的歌谣
一刻也不停息

狂风中最甜美的歌谣
痛苦的一定是那风景
它让温暖了多少心灵的
小鸟窘迫不安

在最寒冷的土地上我听过这歌谣
在最诡异的海角
然而，极端险境中
从未索取我一丝一毫

NEVER STOPS AT ALL, AND SWEETEST IN THE GALE IS HEARD; AND SORE MUST BE THE

《真理钟楼》，中国，汕头大学，2013 年
景观设计：须芒草事务所
结构工程：罗伯特·希尔曼事务所
灯光设计：林奈·蒂利特

这个项目包含学校正门入口的再设计和校园内的一座钟楼。

钟楼高 60 英尺（约 18.3 米），是矗立在园中的灯塔。设计由两部分组成，一个吊着中国传统编钟的简单金属弧形和一座石塔。优雅的金属弧形受中国书法笔触的启发，是大笔一挥成就的曲线，简单且富于美感；而固定金属弧形的石塔则是纯粹的几何形状。

植入其中的 LED 灯光让人想到计算机二进制程序。它们在塔身闪烁，看似分布随机，实际上组成了汕头大学建校之日的星象。校园新入口的石墙上也有一系列排列复杂的孔洞，将光线和视线引入校园。孔洞组成的图案结合了古老的手工砌墙法和现代图像——一种既能让人联想到自然，又能让人想起计算机数据的图像。

新旧两种语言——二进制和书法——的结合加上手势与线形的并置，在对立中取得平衡，是设计相当重要的一环。

大学入口及道路的重新设计，改变了原有的方便机动车进入的形式，成为一个更适于行走的入口。车流被引入另一条独立的道路和停车场，以此来减少园内行车。出于消防考虑，车道不得不保留，不过设计的重点是方便行人出入。整个前门景观被重新设计成一个小树林，沿路而上，钟楼渐渐显露。前门绿化空间的植物形成一个开放但有防护作用的区域，既将校园周围景观的气质纳入进来，同时又减少了经过校门前方的高速公路的噪声。

设计空间

省略的勇气 / 保罗·戈德伯格 304

雷吉奥–林奇教堂 312

朗斯顿·修斯图书馆 322

美国华人博物馆 332

盒子屋 338

私宅 1998 / 2003 348

诺瓦迪斯生物医药研究院 362

MAYA LIN:
TOPOLOGIES

THE COURAGE TO OMIT

省略的勇气　保罗·戈德伯格

林璎并不想让自己第一本书的书名《界限》有讽刺的意味。她对边缘和界限抱有不同寻常的兴趣：墙消失的地方大地开始出现，一面雕刻石台上能有多少水流过却不会变成一个反射池，我们对生态系统的侵略要到什么程度才会变得无法修复。她的作品，在某种程度上，是一系列对转换时刻的反思，甚至对界限本质的思考。从另一方面说——这就是讽刺的地方，林璎的整个职业生涯都在超越界限。艺术与建筑，大地艺术与雕塑，空间与场所，纪念与庆祝，所有的界限都被抹去，因为对她来说，这些本不是相互独立的领域。《越战阵亡将士纪念碑》是一件雕塑还是大地艺术？是一座建筑还是一件艺术品？是一个自成一体的空间，还是一个连接自身与其所居之场地，即国家广场的行为？它是上述所有内容，理所当然地，它还是一个纪念亡者的场所；不仅如此，它以神秘的方式让我们感受到生命是珍贵的，而不是一出悲剧，让我们即便在哀悼的时候也要歌颂生命本身。

很少有艺术家能激起如此复杂的情绪。不仅如此，林璎的作品第一眼看上去是如此简单——如此界限分明，我们甚至可以说，这种直接和明确让作品本身看上去既不复杂也不模糊。还有比切入地面的 V 形花岗岩墙体更简单的形式吗？但林璎与众不同的能力就在于此：她能让看上去简单明白的姿态传达深刻的复杂性和模糊性，她用极简主义的感知力表现复杂微妙的想法。或者可以说，林璎能用不模糊来表达模糊性。

职业生涯之初，她就开始这样做了，其速度令人瞠目，其姿态卓越非凡。越战阵亡将士纪念碑的设计为她赢得国际地位的时候，林璎还只是耶鲁大学的一名本科生。像所有凭借真正的严肃与成熟早早获得成功的年轻艺术家一样，她不得不用力避免过早降落的光环掩盖余下的职业生涯。一方面为这座纪念碑作品深感自豪，同时决定不让它限制自己的创作，这一点也就不难理解了。她凭直觉意识到过早收获的名声是一份礼物，但也可能是一个陷阱，她试着避免名声带来的压力迫使自己不断重复同样的事情。这个“早期创作重要作品艺术家综合征”也没让她犯下相反的错误，即过于用力去摆脱过去的自己，竭力创造新的自己。林璎没有丢下任何一点艺术家的基因。她创作不尽相同的作品，继续开发和探索不同媒介，这意味着她仍然忠于自己艺术家的直觉，就像 30 多年前设计《越战阵亡将士纪念碑》的时候一样。

我认为这些直觉——潜在的原则可能是更合适的措辞——以一个信念开始：用抽象的形式来实现社会意义。林璎的所有作品，尽管精致优美，却不仅仅是对形式与组合的探索。它总存在于一定的社会情境中。有时，在纪念碑和艺术作品中，社会情境通过明确的信息传达；另一些时候，比如她的建筑作品中，背景是隐含的，深埋在建筑项目的理念和作品带来的教化影响之中。但是她所有的作品，用她自己的话说，“是这个世界的存在”，没有一个想让我们远离这个世界，进入超脱的境界。它们顶多是既美丽又高尚，但灵感一定是多少与这个世界而不是另一个世界相关联。

她致力于将艺术、建筑和设计看作平衡社会意义与纯粹形式的工具——确实，其中没有哪个为另一个牺牲，这很大程度上受到文森特·斯库利的影响。斯库利是她在耶鲁大学的精神导师。对建筑和艺术的解读不能脱离社会背景，斯库利将这个理念注入一代又一代耶鲁学生的思想。正是斯库利鼓励林璎设计《越战阵亡将士纪念碑》，并帮助她理解埃德温·鲁琴斯为纪念 1932 年索姆河战役牺牲者而设计的伟大的纪念碑作品。那是一个完全不同风格的纪念碑，却是影响林璎设计的关键因素之一。也正是斯库利，在越战纪念碑建成十年之后的 20 世纪 90 年代，写下这样的句子："这个建筑作品，最大程度激发人的想象，吸引也确实释放了美国人的爱。"

这件作品确实能激起最一致的反应。浅浅陷入地面的 V 形花岗岩墙上刻着阵亡者的姓名，墙体从一端逐渐抬升至另一端，林璎的这个想法既容易理解又深入人心。观者缓步而下，象征走入大地，走入死者的家园，接着与光明和生命融为一体。纪念碑的位置经过精心挑选，两面墙分别与华盛顿纪念碑和林肯纪念堂位于同一轴线上。观者在被拉回地面的时候，可以说同最有力量的一个景观产生联系。纪念碑即刻变身完全抽象的存在，那些铭刻于心的名字，把观者同每一位死者个人的点滴紧密联系起来。这是一个公共空间，也是一个私人空间，是一个抽象的场所，也是一个具象的地方。

它也是为数不多的、被接受甚至可以说被拥戴为美国象征的现代设计作品。这可是一个会避免任何抽象形象的国家。诚然，世贸双塔也是如此，但只有在遭遇"9·11"恐怖袭击之后，它们才变成真正的殉难的摩天大楼。《越战阵亡将士纪念碑》几乎是从一开始就被人理解。林璎不需要与传统主义者过多抗争，后者往往害怕悲痛的家庭将纪念碑看作难以理解的抽象之物。他们成功地在纪念碑广场上立起了一座三个士兵的金属雕像。现在看来，这个雕像看上去不过是流于表面之作，甚至可以说让人厌倦。在林璎肃穆的碑墙一侧，它像一个不幸没能抓住林璎设计微妙精髓的遗迹。

林璎的《越战阵亡将士纪念碑》的信息传达比士兵雕塑更有效，这不仅证明了她克制的极简主义美学的力量，同时揭示了这样一个事实：她是一位建筑师，这一点在讨论她的艺术作品的时候往往被忽略。我怀疑她那时可能已经用建筑的理念——不是建造一座大楼这种具体行为，而是连接一种空间感的理念——去构思作品，即便不像现在那么鲜明。林璎在创作艺术品、纪念碑或景观作品的时候，始终保持对空间的敏感和警觉，在一个更大范围的空间之内强调观者同作品的关系。她的作品，比如建筑，是为体验时间而设计的：走近它们，经过它们，穿过或环绕它们，就像列队感受一幢建筑的过程。她的设计每一处都展现出建筑师具有的感受力。

如果说林璎的建筑不像纪念碑、艺术和景观作品那样为人所知，那就是她自己选择的结果：林璎有意控制自己承接的建筑项目的数量，因为她清楚运营一个正式的建筑事务所会限制自己其他作品的创作，而后者对她来说十分重要。但当她开始一个建筑项目的时候，投入的热情与心力同创作其他作品无二，结果往往是一幢展示她广泛趣味的建筑或室内空间。如果说林璎的艺术作品和纪念碑展示了她作为一名建筑师的感知力，那么她的建筑作品则融入了绘画或雕塑的气质：给人的体验是感受性的，与材料本质建立深刻联系，既合乎情感又不违理性。有意思的是，在探索纯粹形式这件事情上，建筑设计比其他类型的作品赋予林璎更多自由，因为她的建筑不像其他项目那样要传达更明确的信息。当然，她要赋予建筑功能性，但是她能在完成功能性的同时，让自己作为艺术家的直觉占据作品的前沿和中心。

建于2004年的雷吉奥-林奇教堂就展示了这一点。这座为儿童保护基金会而建的木铺板结构建筑位于田纳西州克林顿的哈利农场。它其实是一艘抽象的船，或者说方舟，经林璎之手，变成一种保护的象征，本身的形状也美丽动人。凉亭和办公室翼楼与教堂分开，方正的形式与教堂弯曲的造型形成优雅的对比。这是一篇饱含寓意的散文，一个关于纯粹形式的练习，与周围的乡村景观浑然一体。

5年前，林璎在同样的乡村环境，完成了另一件建筑作品——朗斯顿·修斯图书馆，对一件平常物体的抽象成为设计的重要内容。这个项目中，林璎使用一座19世纪的谷仓来包裹一座新的图书馆。最初的谷仓并不易于利用：它是架空的，用于支撑的底座是两座小木屋，所以建筑主体看上去好像悬在地面之上。林璎决定充分利用这种结构，在木屋与谷仓容量允许的范围内，建造翻新后建筑所需的新地基和钢架支撑。总而言之，林璎就是在旧建筑的外皮之下悄悄放入了一座新的建筑：她把主要的阅读和学习的区域放在楼上谷仓的主体，将小木屋改装为置于木头框架内的玻璃屋，一个是有楼梯和电梯通往楼上的图书馆，另一个则是小的藏书室。朗斯顿·修斯图书馆不是一个“节制的”项目——在老谷仓里建造图书馆肯定有更简单的方法；林璎想要的简单风格，是通过非常复杂的方式实现的。但这个方式对原有的结构表达了深刻的敬意。老谷仓的整体性，即便在重构的过程中也被保留了下来，同时在新的建筑项目服务的过程中获得重生。

在皇后区长岛雕塑中心的设计中，林璎展示了同样的能力：对老建筑进行强有力的介入，同时增强而不是抛弃原有建筑的精髓。项目从东河一直延续到曼哈顿，2002 年建成。建筑原材料可谓怪异：一座 19 世纪的砖砌仓库。在田纳西时，林璎就知晓那座谷仓的关键在于标志性的外观；她此时也意识到这座仓库最核心的内容就是内部的钢结构和它临街那一面的都市气质。她的翻新让这两个方面都得到增强。她设计了一条新的侧入口，可以从两个高度进入，同时将内部结构的一部分展露在外。接着她把雕塑庭院放在新入口与街道之间，一条绚丽的玻璃金属通道通往街道，与之建立牢固的关系，同时明确指出了通往新建筑的新路径。内部，林璎的极简主义现代风格与原有结构融为一体，两者和谐共存，这很大程度上是因为林璎本能的克制让旧建筑在她的调整下重现光彩。

林璎的很多建筑项目是为客户设计住宅，她的家居设计可以说是她美学观念最清晰的表达。位于科罗拉多州特柳赖德的别墅和较小的加州威尼斯别墅是她最成熟、完成度最高的两件作品。它们主题是一致的：两幢都是方盒的组合，主要被木制壁板覆盖，同时大量使用玻璃；与自然密切接触，或通过屋顶露台，或透过宽大的窗户；同时有露台从居住空间延伸到屋外。建成于 2006 年的特柳赖德别墅，水平的木制百叶窗优雅的纹理与屋内平滑的木墙形成对照；其中一些木条通过铰接组成屋外露台的界限墙，框住了绝佳的山景。木条可以折回，将别墅变成名副其实的封闭盒子。2010 年建成的威尼斯别墅，林璎用平滑的木条、木栏杆和百叶窗以类似的方式形成较小的组合。较之特柳赖德的遗世独立，在威尼斯拥挤的城市景观中，隐私成为更重要的因素，所以林璎把注意力转向建筑内部，一个小的后花园。不过，房屋还是向街道展示了优雅甚至可以说开放的立面，尽管保护房主的隐私，却同样歌颂房屋的都市定位。

上述部分理念在林璎早期一个大型项目中以截然不同的方式得到探索。那是一座建于 1998 年的复式公寓。虽然说这个项目的可移动墙面、消失的分区和隐藏的家具有时显得过于招摇，其中却同样包含了一些优雅的细节，尤其是那条悬空的楼梯。楼梯的踏面和竖板均为木制，以金属为底，两种材料平行放置，看上去绝无接触，却一同悬于空中。正是众多细小的元素而非转变这一概念本身，反映了林璎对自己美学理念的打磨。1993 年建成的位于马萨诸塞州威廉姆斯的韦伯之屋更是如此：一系列美妙的细节，放在一起不能构成理想的组合，某种程度上说，是因为同时有太多细节出现在同一空间。敢于省略的勇气，也就是有力地编辑自我的意愿，这是越战阵亡将士纪念碑设计的重要组成，现在林璎通过建筑生涯中一个又一个项目，重现发掘了这一特质。

这一特质，至少目前来说，浓缩在她为诺瓦迪斯制药公司在马萨诸塞州的剑桥设计的大型实验室与办公建筑群之中，建成时间是 2015 年。在这个项目中，复杂性必不可少，因为这个项目是多方面的，包括公共空间、诺瓦迪斯员工的办公空间、车库等，她同时想将街对面早先建成的较小的实验室-办公室综合楼也融入自己的设计。林璎意识到这个项目需要多重建筑表现形式，于是将灵活的实验室空间放到玻璃塔楼中，其余大部分共享功能置于低矮的、弧形的侧楼中，楼内包含一个室外景观，景观则掩住了地下车库。

低矮的侧楼紧邻马萨诸塞大道，以强化其城市背景。大部分立面被石雕窗饰覆盖，这样的处理既精细，又同后方的研究塔楼呈现出质感的差异。设计中的一些图案，包括花园景观，都是对人类基因的呼应。塔楼夜间灯光闪烁，成为城市地标；如果可以比喻，可以说它照亮了医学研究的前景。

诺瓦迪斯建筑群是自《越战阵亡将士纪念碑》以来林璎面临的最大挑战，也是一种完全不同的挑战。就纪念碑设计来说，那只有一块空白的石板，以及从其他时代的纪念碑设计中汲取的灵感。在诺瓦迪斯，项目要求非常细致，尽管他们比其他很多大公司开明，但是条条框框也更多。林璎面对新的挑战和新的领域时，总是能想出应对之策，这我们早就清楚了，1993 年耶鲁大学的《女性之桌》、

1989 年亚拉巴马州蒙哥马利的《公民权利纪念碑》和 1982 年的《越战阵亡将士纪念碑》一起证明了这一点。上述两座纪念碑都是林璎极简主义美学的忠实反映，同时毫不费力地用纯粹的美感传达了清晰的理念。

这三座纪念碑都是成功的，也只有林璎才能完成。而在诺瓦迪斯的项目，她转向了一个其他建筑师早已占领的领域。先例好坏参半，项目的规定又十分严格。但正是在超越限制而非脱离限制的过程中，建筑师得以展示他们的魄力。现在，面对像诺瓦迪斯这样的项目，林璎开始挑战比以往更严苛的限制。她坦然面对，就像当年面对越战阵亡将士纪念碑的压力时那样毫无惧色。她深知，最大的挑战不是毫无顾忌地设计，而是接受限制，然后就像她已经做到的那样，在限制之下让建筑设计变为现实。

雷吉奥-林奇教堂，田纳西州克林顿，儿童保护基金会，哈利农场，2004 年
合作建筑师：威廉·比亚洛斯奇事务所建筑师

这个教堂的设计理念来自儿童保护基金会的格言："亲爱的主，善待我；大海是如此宽广，我的船是如此渺小。"教堂的主体是船或者说方舟的抽象形式，木头建造，默不作声地提醒人们基金会的格言，同时成为哈利农场的建筑与精神中心。哈利农场曾经属于普利策奖获得者作家亚历克斯·哈利。

从背景看，这块曾属于哈利的地产内的所有建筑都是有当地特色的一层楼小木屋。我打算设计与这一背景和谐共处的现代建筑。

通过借用船的形象，我没有创造全新的形式，而是从大家对造船形式共有的视觉印象入手。教堂微微弯曲的外形与直角的网格铺装台地和行政中心形成对比，同时融入了我对自由曲线与规则直线并置的兴趣。

我希望建筑尺度是舒适的，同时在每年的特定时候，能够容纳比平时多一倍的人。我的印象中，教堂为了容纳更多的人，有时会搭起帐篷，于是帐篷这一用途引申出一个室内 / 室外的座位区。

因为项目对灵活座位的需求，我决定把教堂放在户外大庭院的中心。庭院将教堂与行政中心侧楼连在一起，同时包含办公室、服务设施和附加会议厅等，如此设计能够满足各种活动需求。

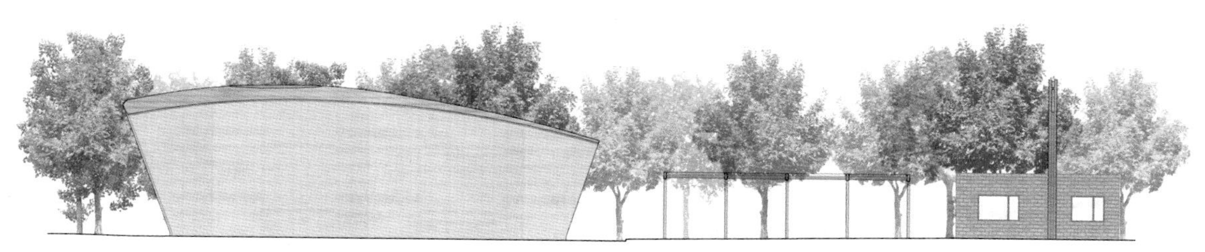

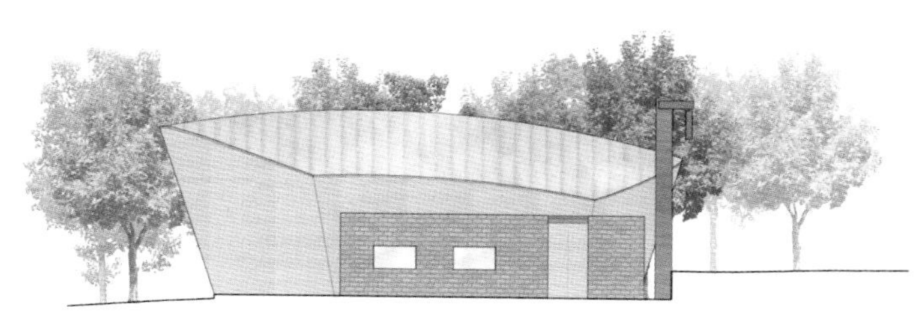

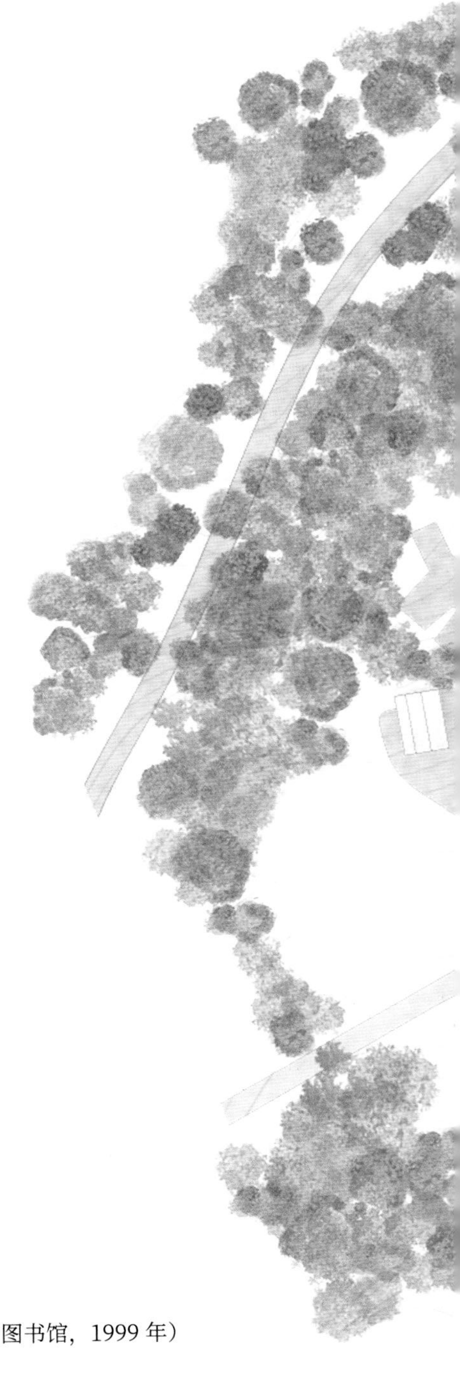

□ 哈利农场平面图（雷吉奥-林奇教堂，2004 年；以及朗斯顿·修斯图书馆，1999 年）

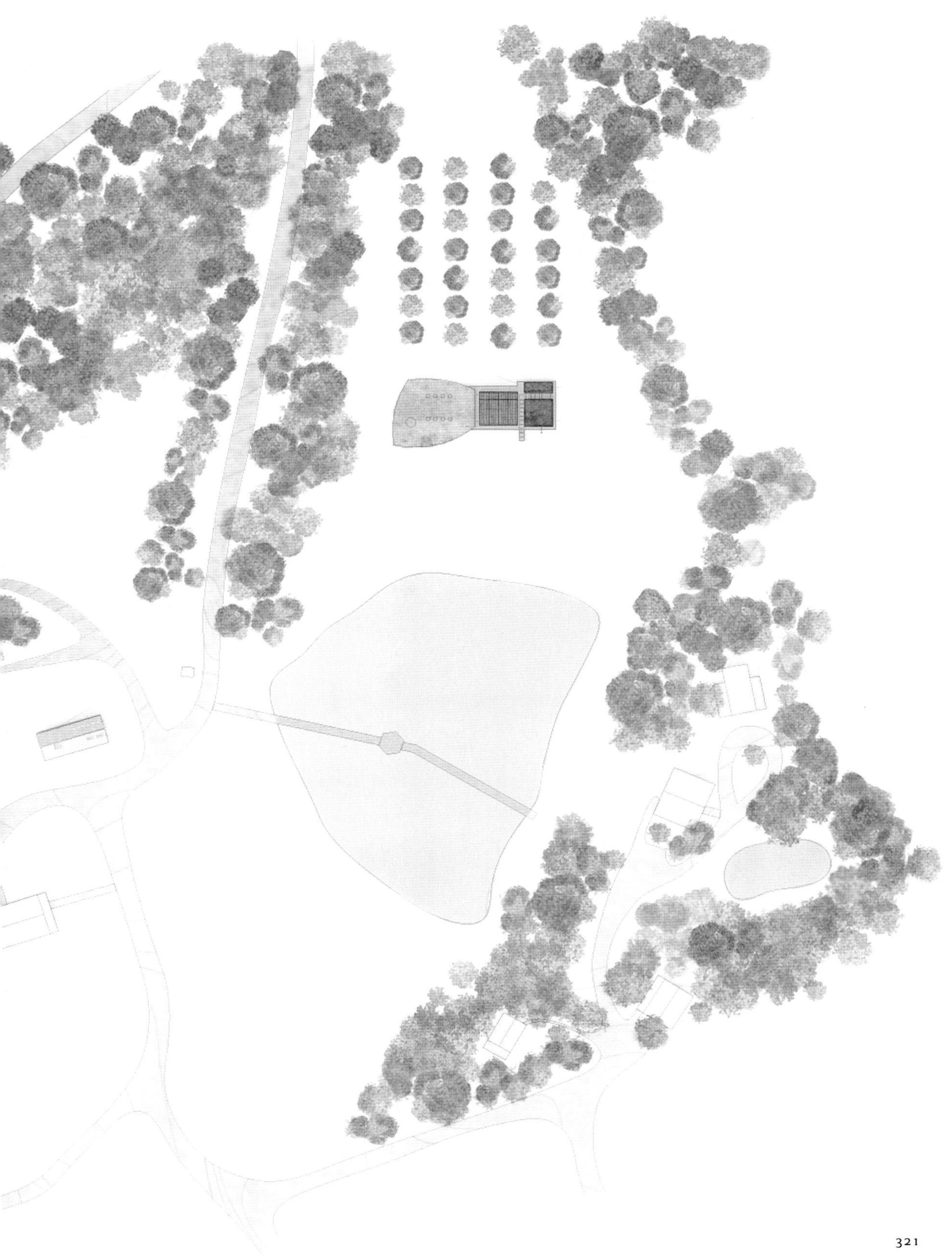

朗斯顿·修斯图书馆，田纳西州克林顿，儿童保护基金会，哈利农场，1999 年
合作建筑师：马特拉事务所

这个设计的理念是要维持原有谷仓的完整与特质，同时引入现代的内饰。这种新旧整合允许我将建筑主体原封不动地展露在外，在现存结构的内部建造图书馆。

可追溯至 19 世纪 60 年代的谷仓，主体立于两个用于支撑的木屋上方。重新设计的时候，我不得不拆解原有的屋梁，重建了整个建筑构架，在谷仓下重做地基，又增加了一层钢结构来支撑图书馆的重量。如此得以在现有的结构和新的结构之间树立分隔。整个内部都是新的，表达新的独立的表层附着在旧谷仓内部的理念。只有在两个层次连接的地方，才能意识到新旧的转变。

两个木屋都能看到内部，也可以进入，支撑原有木材的是裸露的钢筋，展示新设计入侵的开始。每个木屋的内部都包上一层半透明玻璃，进入屋内可以看到外部木材的阴影。南面的小屋是一个小的藏书室，北面则包含通往上层的楼梯和电梯。两屋之间是少有的高度极低的室外空间。这里我设计了一个仅有一座石喷泉的花园，将这片无用之地变成室外空间，成为图书馆入口的标志。

楼上设计体现的是灵活性，将空间分为学习区和阅读区，它们可以被整合成更大的公共阅读区，或者在平常用作更为自在的学习空间。

上层的墙体和天花板由刨花板和枫木组成，入口楼梯、阅读区和书架顶上都有天窗，增加空间的采光性。图书馆几乎没有展现外部特征，相反，它变成了一个安静、简单的空间，风景被定格在屋外的池塘和建筑正后方的树林上。

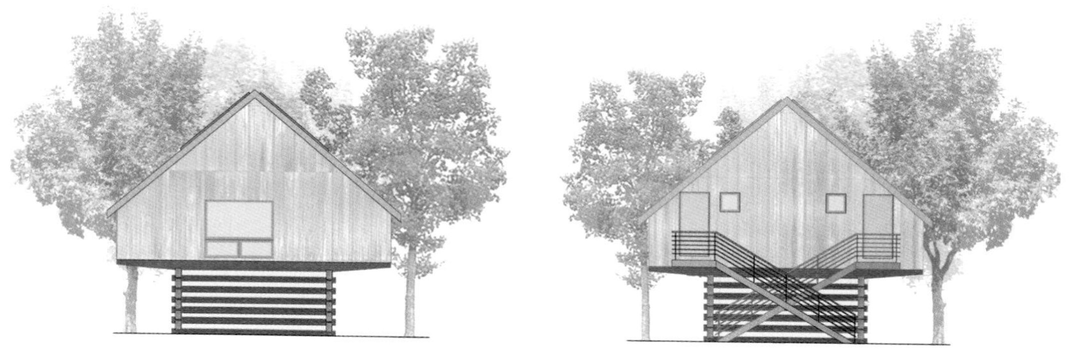

美国华人博物馆，纽约，2009年
合作建筑师：威廉·比亚洛斯奇事务所建筑师
展览设计师：米德·马特

美国华人博物馆（MOCA）占地12 500平方英尺（约1160平方米），横跨纽约唐人街的中央街和拉斐特街两条大街。这个位于下曼哈顿的博物馆，跨过传统唐人街与苏荷区和诺利塔现代艺术世界之间的文化鸿沟。

两面临街的空间给了MOCA一个得天独厚的机会去创造两个独特的入口，或者说“窗口”。中央街上的主入口朝向唐人街，揭示博物馆作为一个当地民间组织和一个唐人街历史项目的文化继承。另一个入口位于拉斐特街，朝向西面的苏荷区，向广阔的市中心开放。第二个入口彰显了博物馆的另一重身份。临街面是一个开放的工作室，作为博物馆一系列项目的落脚点，项目内容包括影片、文字、表演、手工艺、教育展示和口述历史等。

现有内庭四周的永久展示圈展现美国华裔从19世纪初至今的漫长历史。面向庭院有6个入口，分别描述中国移民的不同故事与面孔，让观者在踏进更低的地面时能够穿越时间瞥见移民潮的点滴。漫步其中，每一个时代缓慢呈现；而从中央庭院看去，所有华人移民的面孔变成一个整体，像一家人。室内中庭未做任何处理，保留原始风貌，我有意为之，以提醒人们我们带了多少过去的东西进入一个新的国家。为了让设计更有历史感，大厅和永久展示区用了黄铜色瓷砖、深色杉木地板和从楼板梁上拆下的回收木材等材料。拆除楼板梁木是为了让更多光线照进下层空间。与此同时，教室、办公室、研究中心和西面入口是另一种风格，展示博物馆新的、更现代的身份。

CHINESE?
CHINESE
18
15
14
1
18
19
MOCA

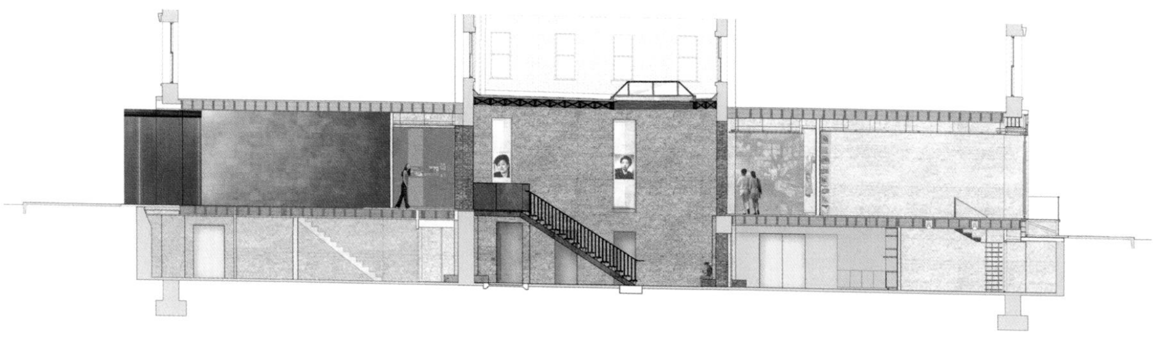

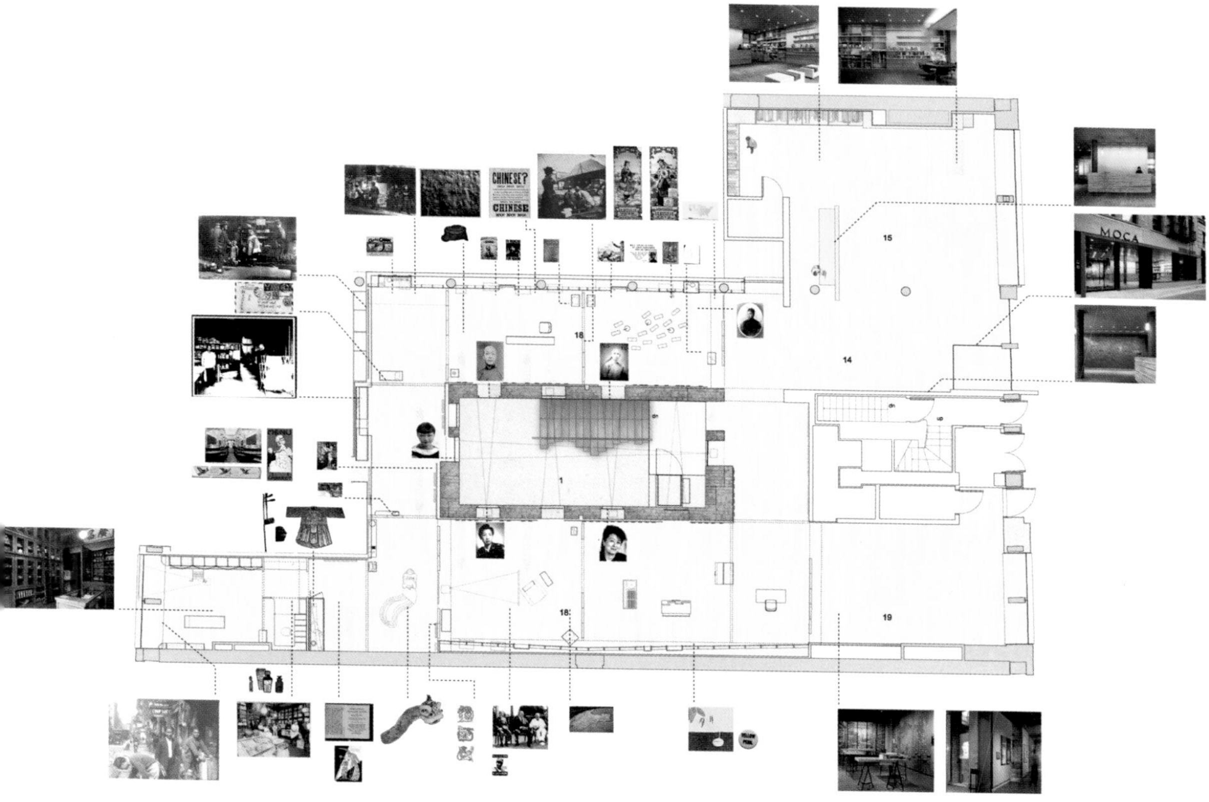

MOCA
With a Single Step
千里之行

Museum of Chinese in A

私宅，纽约，1998 年
私宅，纽约，2003 年
合作建筑师：戴维·霍特森

设计曼哈顿这两座私宅的时候，我在构想一个能像折纸或变形金刚一样自行折叠的家，根据使用需求来改变形状或功能。操控这些移动墙体、家具和分区的机制，表面看上去很简单。我从未想过突出这个设计的机械部分，也不想自己设计的任何一部分给人“不牢固”的感觉。这个设计有一个秘密的、带些玩乐意味的元素，因为我想给主人建造一个智慧之家，只有知道如何操控的人才能启动使用。

第一处住宅要给人舒适宜人的感觉，同时需要“扩展”以容纳一家人，他们全家时不时会进城在这里团聚。旋转整个房间，一间卧室可以变成两间。整个空间可以是两卧两浴或三卧三浴。上层浴室的淋浴在不用的时候可以折起来；橱柜可以旋转进入墙内，将两间卧室变成一间大套房。

变形的理念在小的细节和家具中也有体现。厨房中心岛是一个立方体，打开后里面藏有餐椅，餐厅的桌子和椅子拼在一起可以组成一个自助餐台。

我对营造灵活变形空间的兴趣，在第二处住宅中也得以保留。这个有四间卧室的公寓是为一对夫妇和他们的两个孩子设计的。主卧的一整面墙都能打开，形成一个学习 / 办公区；这个区域可以是主卧的一部分，也可以融入公共起居空间。

□ 私宅，纽约，1998 年

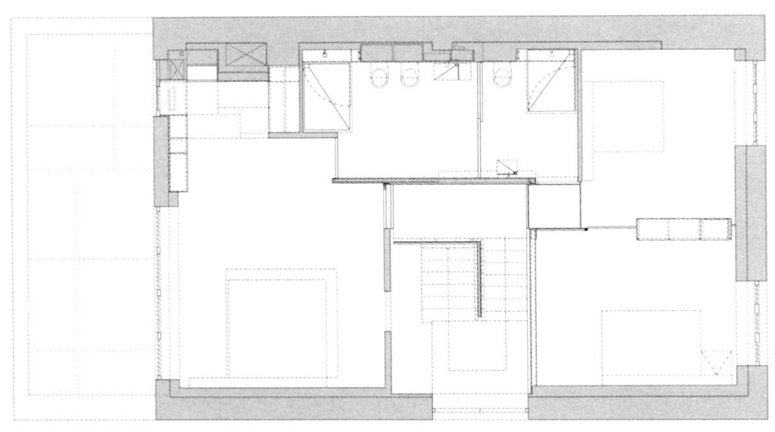

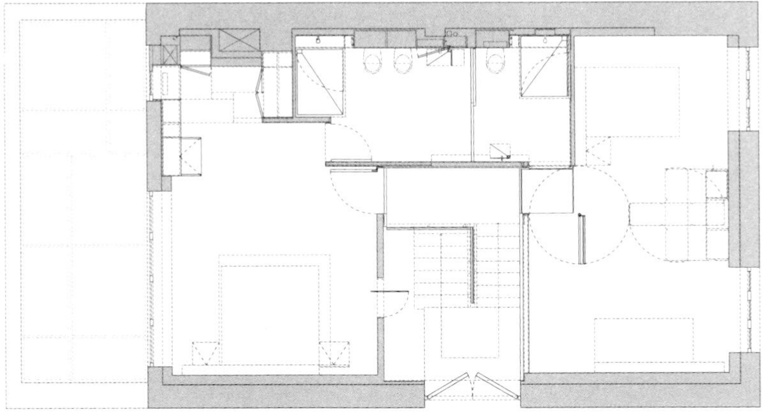

□ 私宅，纽约，2003 年

诺瓦迪斯生物医药研究院，马萨诸塞州剑桥，2015 年
执行建筑师：林璎工作室，威廉·比亚洛斯奇事务所建筑师，坎农设计
景观建筑师：迈克尔·凡瓦尔肯堡事务所

诺瓦迪斯校园拓展设计包括三座大楼的总体规划和马萨诸塞大道 181 号楼宇设计。

我想用这个设计为诺瓦迪斯校园打造一种学院气质。我设想一个位于建筑群内部的绿色庭院，作为与校区内现有建筑的景观广场隔街相望的对照，也能为诺瓦迪斯的员工和公众提供一座花园。1.5 英亩（约 6070 平方米）的花园在白天向公众开放，花园地形呈斜坡状，下方隐藏建筑群附属的停车场。

楼宇设计则在临街处保留了与邻近建筑一样的人性化尺度，同时在后方远离大街的地方立起一座更高的研究塔楼。靠着马萨诸塞大道的一层空间供商业店面使用，营造友好的步行环境，有助于活跃这片久未开发的路段。

不规则的街道布局造就了建筑低区的曲线造型，也让我有机会创造低矮的自由曲线与高耸的竖直线条的鲜明并置。塔楼内是研究实验室，被包裹的低矮部分则被办公室、会议室、礼堂和开放中庭占据，所有这些都着眼于促进不同科研部门之间开放的工作对话。

建筑的两个部分都有特征鲜明的立面，一个是有无数孔洞的石质立面，一个是塔楼的玻璃图案，形成自然与人工的并置。

石质立面的图案受珊瑚和骨头等有机体的微观形象启发。在设计玻璃幕墙的时候，我把自然图案转换为一种具有 5 种鲜明且可变的色调，形成光影斑驳的景象，将数学的特质与石头孔洞的变化联系起来。从概念上看，用系统化的数学手段来转换自然这种做法正反映了科学和医学的

运作模式：从自然中发现、收集材料，经由科学研究分析，合成新的医药化合物。

这个楼宇设计将达到 LEED 标准，它包含一个三联产（tri-gen）能源系统、最大覆盖面的三层玻璃幕墙、最大化的可利用日光、本地及回收可持续材料的全面使用，以及一片 1.5 英亩的公共绿地。

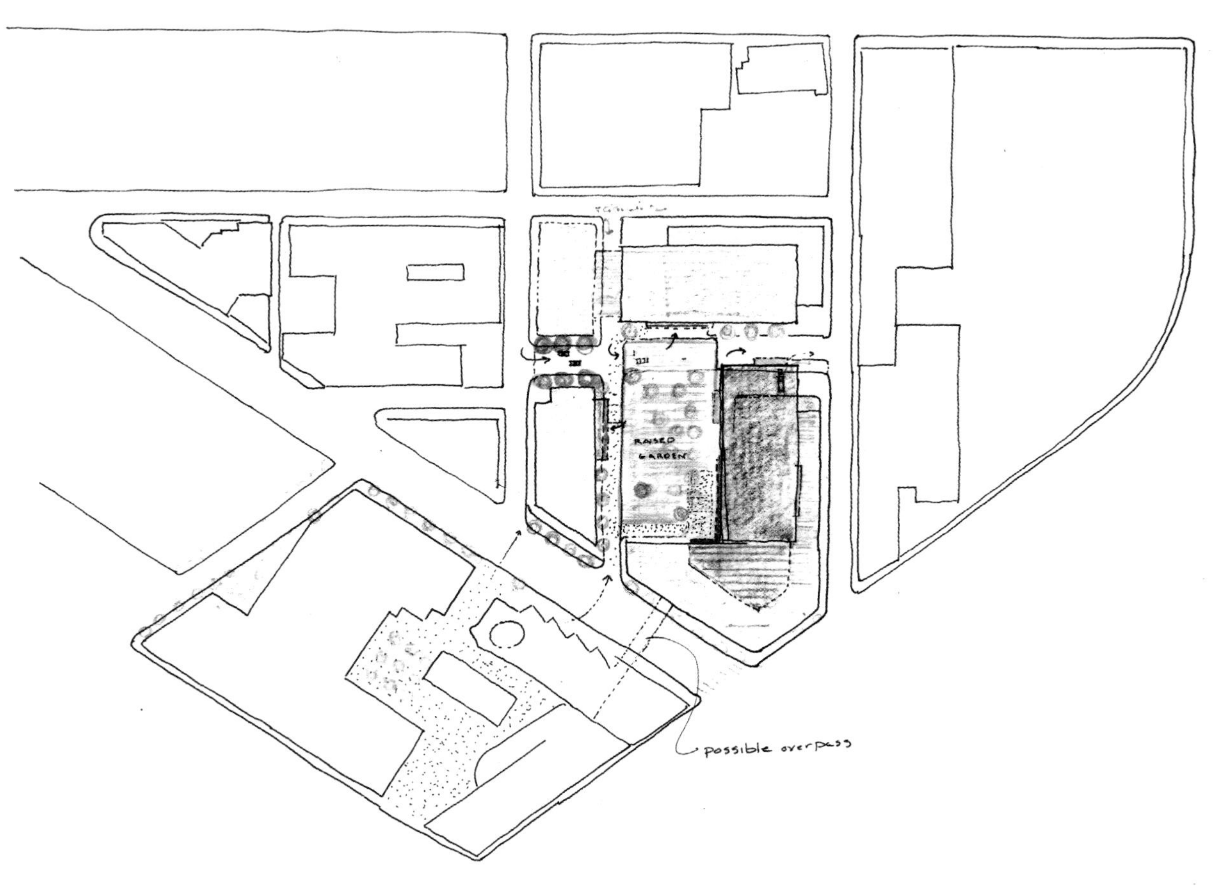

METROPOLITAN

SKANSKA

AmericanAerial
S-85

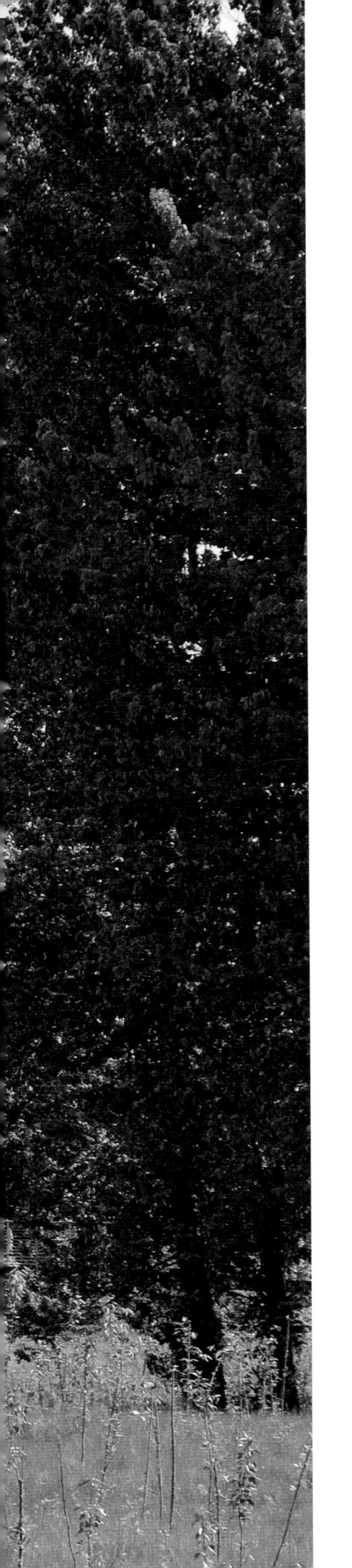

记忆之作 III

林瓔的尾迹 / 威廉·L. 福克斯 376

“汇流” 384

《D 岬》 / 《鸟窗》 / 《故事环》 /
蒂莫西酋长公园 / 塞利洛公园

《什么正在消失？》 410

MAYA LIN:
TOPOLOGIES

IN THE WAKE OF MAYA LIN

林璎的尾迹 威廉·L. 福克斯

我和林璎一起坐在约翰·勒孔特的船尾上，这是1976年加州大学戴维斯分校为往返塔霍湖建造的科研船。我在观察她：她凝视着24英尺（约7.3米）长的不锈钢单桨激起的波浪。那是2013年一个暖得不像话的2月清晨，水面平静，湖面和天空交相辉映。塔霍湖是北美最大的高山湖，水域约12英里（约19千米）宽22英里（约35千米）长，深达1645英尺（约501米）。实际上，它是美国面积仅次于五大湖的水体，只不过高出海平面6500英尺（约1980米），而非与之齐平。现在不该这么暖和，这时节应该飘着雪花，刮着冷风。船壳上的藻类清掉之后，能跑到十节，目前的速度与之接近，而我们只穿薄外套就够了。

林璎此行目的是收集塔霍湖及其流域的图像和数据，为内华达艺术博物馆创作与塔霍湖流域有关的作品。她以前创作了一些深度较大水体的雕塑，如著名的《里海》《黑海》和《红海》，集中展示于2006年的《系统化景观》展览。鉴于此，我以为她会对塔霍湖的水面以下的测深方面的研究感兴趣，毕竟它有闻名于世但渐渐消失的清澈，还有其他一些独有的地理和生物特质。林璎早期的雕塑，用层叠的回收木板模拟水体，却反过来揭示了容纳湖泊的地形，以及随时间推移变化的水位。尽管她记录了随行科学家的话语，后来也确实创作了表现塔霍湖流域和清澈水面的作品，但真正吸引她的是船尾激起的浪花。

船的尾迹由多重正弦波组成，即间距分布均匀、波长固定的波浪。它们之间的相互作用如此复杂，以至于根本无法看清一个波段，或者一个协调一致的波浪。由于水对波的传递的阻挡，船的尾迹最终变成不同频率波浪的组合。听起来似乎船的尾迹毫无规律，实际上有一个极度复杂却内在统一的模式，它能使人镇静，任何在船上待一段时间的人都知道。波，作为能量的物质形式，波峰之间的长度迥异，短的不及原子的直径，长的如广播波长有时达到100米。波长处于这之间的，如声音、光线、皮肤承受的压力、热量等，传达这个世界所有的信息。一切的一切都与此有关。波在沙地、水体、地面、天空等介质中都能产生。林璎对此深为着迷，她的知识与艺术和自然的交融之广，由此可见一斑。

本科期间创作的越战纪念碑是一个嵌入场地且依场地而建的大型视觉元素。林璎一直仰慕纪念碑设计的前辈，如迈克尔·海泽和罗伯特·史密森等。透过她的纪念碑形式，我们能看到赫伯特·拜尔的磨溪峡谷等作品的影子，后者同样完成于1982年，地点在华盛顿州的金县。不过，林璎第一次真正意义上以艺术家而不是建筑师的身份介入自然，应该是在3年之后。《越战阵亡将士纪念碑》建成后不久，林璎在耶鲁大学读建筑学硕士的第二年，她开始研究雕塑，并于1985年创作了《列队的芦苇》——将一些铝制金属杆漆上蓝黑色宽条纹，然后立在纽黑文城外一条小河河岸的芦苇丛中。从大部分角度看过去，金属杆没入植物中，在富有生机的芦苇丛中，看上去不规则甚至毫无规律地分布。从河对面看去，它们组成一件独立作品，如她在自传性质的作品集《界限》中的描述，是“可以感知环境秩序”的作品。

介入自然和建筑两种空间一直是林璎的兴趣所在。1992到1993年，她把一个自发的工作室作品移植入一个建筑空间。在俄亥俄州立大学卫克斯那艺术中心创作的时候，她预订了43吨绿色透明的挡风玻璃碎片，混在一起倒进3个高度不同的空间，这些空间虽然无法进入，但都暴露在公众视线中。就在垃圾车运来碎玻璃并倒入场地的那一周，她才开始凭直觉用手塑形，创造了一系列停留在静止角落的山丘，她称之为《海啸》。这些玻璃堆的形状、颜色和标题都让人想到海的波浪，如她所说，作品“既是地景也是水景”。林璎还提到，这件作品是对在她故乡俄亥俄州发现的史前坟丘的呼应，后者同样影响迈克尔·海泽等艺术家，他们开始以大地为雕塑介质进行创作。

林璎之后对波形的挖掘，如今看来是一种必然。紧接着她在 1993 到 1995 年创作了名为《波场》的室外作品。受密歇根大学航空工程学院弗朗西斯-泽维尔·巴格努德基金会委托，她以一张航空拍摄的海浪照片灵感开始创作。照片中的海浪是自然发生的对称非线性斯托克斯波。作品由近 50 个依次排列、经人工耙过的草丘组成，以点带面象征无尽的波场。如果说俄亥俄的《海啸》是对坟丘的致意，那么《波场》就让人想到日本艺术家安藤广重和葛饰北斋作品中永恒的波浪主题，以及历史学家兼评论家迈克尔·布兰森所说的“中国山水空间的留白”。布兰森在《地志景观》展览的展览手册撰文中指出，林璎将一种自然现象——比如水里的波浪——放到另一处地方，她把真正意义上的波形转变为一种波形的象征。她的波浪意在提出一种自然进程的统一隐喻。

《波场》之后，她受美国总务管理局所托为迈阿密的联邦法院设计一件公共作品。《颤振》的场地为 1 英亩（约 4050 平方米），3 英尺高的草丘，灵感源自水的运动在水下沙地上留下的沙纹。《波场》占地 10 000 平方英尺，《颤振》占地 30 000 平方英尺。林璎的第三件景观作品原计划占地 240 000 平方英尺（约 22 300 平方米）的面积，波峰的高度为 10—15 英尺（约 3—4.6 米）。2007 到 2008 年堆建的《风暴国王波场》（2009 年开放），与其说是一件大地艺术，不如说它成了环境本身：站在波谷中，11 英亩（约 44 500 平方米）场地以外所有其他景观都被遮挡住了。从这一点看，林璎是在农场或工业园的尺度上创作。她最近的波景《场中的折叠》，位于新西兰奥克兰往北一小时路程的吉布思农场，占地 323 000 平方英尺（约 30 000 平方米）。

吉布思农场位于南半球最大的港口边上，站在岸边可以看到港口构成了场地西面的地平线。林璎的雕塑就位于这片海岸平原上，由 5 个高耸的波浪组成，最高的接近 38 英尺（约 11.6 米）。这件作品如此之大，以至于可以在上面放羊。她运走了 3 700 000 万立方英尺（约 105 000 立方米）的土，就是为了将这块地重塑为一系列以略有差异的方式不断重复但相互呼应的山丘，每个山丘的两端都被截成平面。这里的波浪比别处的更加明确地表现为复杂公式所控制的几何作品。不同于以自我复制的斯托克斯波为基础的作品，这些巨大的波峰和波谷暗示不同频率的波浪相遇并相交的截面图形，就像船尾的航迹。

林璎也完成了许多其他的大地艺术作品，但那些关于波浪的作品最能集中说明她如何通过以研究为基础的长期实践，与自然和建筑环境建立错综复杂的关系。林璎看着塔霍湖面上的航船尾迹，是在思考水文学、流体动力学和湍流，以及时间与地点的互动。在她决定以何种作品形式表现塔霍湖的时候，其中一种确定的形式就是“大头针河”。那是她的墙面绘画代表作，由成千上万的不锈钢大头针组成，勾勒出所有流入高山盆地的河流与溪流。林璎为欧洲、亚洲、北美乃至北极圈的河流创作了大头针画，所有这些汇在一起，创造了展示当地环境、区域和跨地区环境的“洪流”。

有些作家，如《纽约时报》的霍兰・考特曾指出，林璎多样的作品，从纪念碑到石雕再到土丘和大头针画，其中蕴含多种自然元素的相互交流。水流过石头，人走过凝固在时间里的波浪，一种由木头堆成的地形。林璎从来都不是一个正经的建筑师，对于贴上设计师标签这件事也格外小心。对于她的角色，更开放的定义是帮助人们意识到其身处之地的艺术家。“身处之地”可以定义为你站立的地方、你居住的房间或建筑，以及身处的环境。我见识到的林璎创作的所有作品，从越战阵亡将士纪念碑，到之后的《列队的芦苇》，都是真正意义上的环境艺术：始终在某种程度上与在“身处之地”运行的和潜在运行的规律和动力有关。

2003 年林璎开始与“汇流”项目合作，将“身处之地”的定义延伸至哥伦比亚河流域 6 个大型艺术和景观项目中。这个项目发起于 1999 年，为庆祝 2005 年路易斯和克拉克在 1804 至 1806 年的探险 200 周年而建。两人的探险从圣路易斯北部开始，一直延伸到太平洋，全长超过 3700 英里（约 5960 千米）。“汇流”

项目始于哥伦比亚河与斯内克河的交汇点，这是两人第一次到达哥伦比亚河流域的地方，华盛顿州在这里修建了萨卡加维亚州立公园来纪念这段历史。项目的重点是失望角，也就是哥伦比亚河流入太平洋的地方。现在开车不间断走完这段路程需要 5 个多小时；1805 年，两人从 10 月 16 日一直走到 11 月 24 日。其他的艺术家，只有海伦・哈里森和牛顿・哈里森夫妇等少数能胜任这样横跨大片生态环境的任务。林璎的设计融入了 15 000 英亩（约 61 平方千米）州属和联邦管辖土地的自然和文化历史，她从在水域的地图上设计转向在水域本身设计。

林璎的参与从设计失望角开始。她把通用停车场、公共休息室和野餐区变成一段融合小路和栈道的叙述，文字摘自路易斯和克拉克的探险日志，以及奇努克部落的文字。在靠近海边的观景平台，她设计了一个黑色花岗岩单体石雕，雕成清洗鱼类的桌台。这件有实际用途的当代雕塑上刻着描述奇努克人起源的神话故事，最基本的思想就是划开一条大马哈鱼的肚子。沿河而上，项目的另一端位于华盛顿州，是立在萨卡加维亚州立公园里的 7 个故事环。上面刻着日志节选、口述故事和自然历史记录。有些环嵌入地面，其余则立在河边的林间空地上，通过它们了解植物、动物、地理和语言名称，就是在阅读这个地方。中间是另外四个场地，林璎设计了被土地覆盖的人行天桥、一个鸟窗和一件大地艺术作品。每块场地都经过整修以重建原生植物群落，她的语言雕塑融入其中；从州级公路到当地文化的历史断裂，一切都在割裂景观，林璎试图为破碎的景观建立物质联系。

6 个项目中唯一伤感的元素在塞利洛瀑布。瀑布高度在 3—20 英尺（约 0.9—6.1 米）之间，并不算高，却是世界上流量排名第六的瀑布，千万年来一直是传说中印第安人捕鱼和庆祝的地方。附近的塞利洛是北美历史最长的印第安人定居点。他们在瀑布边建造木制捕鱼台，在上面捕猎大马哈鱼。每年春天，1500 万—2000 万条大马哈鱼游经此地到上游产卵。这丰厚的资源吸引了远至阿拉斯加大平原和美国西南部的印第安人来交易。1957 年，瀑布和村庄因下游达拉斯大坝的修建而被淹没在水库中，是当时举全国之力将大河变为工业用品的缩影。任何一个住在西北部的印第安人都能跟你聊聊景观的变化，对塞利洛瀑布的惋惜一定是主角。

林璎设计了一个挑高的弧形悬在河岸边。一方面它让人想到过去的捕鱼台，同时还刻着描述文字，选自口述历史、路易斯与克拉克的日志，以及当代部落领袖的祈福。林璎一下子就捕捉到消失的东西，同时设计了一个意在延续 200 年的结构，以路易斯和克拉克探险 200 年纪念为契机，为塞利洛的环境与文化的未来裹上乐观的外衣。这让我想到林璎认定的自己最后一件纪念碑作品，一个多媒体全球项目——《什么正在消失？》。

如果让我选出一个贯穿林璎作品始终的理念，那就是她一直致力于帮助我们重新认识到我们身处何方和我们对周围环境的影响。一方面她让这个世界的动力更加清晰可见，不管是水的波浪、湖泊水下的形状，还是北极冰盖的覆盖范围，它们都肩负这个任务。如果我们忘记，或者将要忘记一段重要的历史，她知道如何建立一个纪念之物让历史留在我们心中，越战阵亡将士名单也好，一座瀑布的沉寂也好，抑或曾经生活在我们四周的鸟。最后一个，看上去是很小的损失，却是席卷全球的第六次生物大灭绝的一部分，而这个灭绝是我们造成的。

尽管实体公共空间仍留有让我们聚在一起共同讨论、纪念和沉思的场地，但是目前更大的公共空间在互联网上。林璎发现了这里，并用新的方式创造了这个纪念空间，通过视频、音频和社交媒体组成一个密实的矩阵，不仅展示世界如何一点点丢失生物与物种多样性，也致力于扭转这一变化。就像本书前言中那位叫劳伦·福斯特的同学所说，如果林璎的第五座纪念碑成功了，也就没有纪念大灭绝的必要——纪念碑本身也就没有存在的意义了。

《什么正在消失？》同时在两个方向发挥功能。一个方向是鼓励我们记住那些物种、景观和安静的环境，它们已经消失或正在消失。不过因为网站是互动的，我们可以记录目前与我们个人有关的逝去。在林璎关联的 Facebook 主页上，有很多这样的例子，比如加拿大湖面上的潜鸟、马略卡岛沿岸发现的透明虾、阿肯色河的流动等。这个项目因此成为“乡痛症”的安慰，这个症状由澳大利亚环境哲学家格伦·阿尔布雷奇特于 2003 年提出并为之命名。他造出“乡痛症”这个术语来描述“因人类与家园环境直接相连，环境变化对人类产生冲击而造成的失落感”。也就是说，人类没有离开，但是脚下的土地已经改变。其时阿尔布雷奇特观察澳大利亚新南威尔士乡间气候变化带来的影响，以及大型露天开采煤矿对当地人与社区的影响。乡痛症是我们在忆及过往时感受的惆怅，不管是思念我们生长的家乡还是生命中最美好的时光，但乡痛症是“一种慢慢展开的变化进程带来的无力感或无序感”。

林瓔并没有打算用《什么正在消失？》去补救过往的灭绝。她承认对于这些损失，即便能做些什么也收效甚微，但是她希望我们能因此认识到我们周围的物种和景观正在消失，不要让我们的底线一次次被突破，不要忘记我们周围的生物曾经是如此丰富多样，自然资源是如此取之不尽。她创作这件作品是为了歌颂未来，这个项目一方面极力展现成功事例，比如《清洁水法案》带来的益处，同时也允许对东欧野牛灭绝的哀悼。《什么正在消失？》是一个从过去到现在再到未来的剧本，让我们想象 2050 年地球的样子。林瓔在与失望斗争，与乡痛症带来的无力感斗争，与我们心中的悲观斗争。尽管未置一词，但她要求我们关注并做些什么。

越战阵亡将士纪念碑、大头针河、阶梯状堆叠的大理石板优雅地展现世界范围内冰盖的缩小，所有这些都用无关紧要的数字的萎缩来描述什么离开了这个世界。越战阵亡将士纪念碑是一种让人们大声说出来并唤起回忆的模拟装置，提醒我们什么已经消失，或者更准确地说，是谁已经消失。比起林瓔的第一座纪念碑，《什么正在消失？》更像公众集会的空间。

艺术、景观和纪念碑，林瓔创造的作品都有一种重新定义我们认知的倾向，不仅是对世界——它的天然的和经过改造的形式，它的地理和文化历史，以及它如今的虚拟维度——的认知，还包括描述世界的语汇。林瓔的生命有一种只有艺术家和作家才会有的重复性，因为她通过视觉形式和语言，把她的创作变成重新诉说世界的工具。艺术创作作为一种思考方式和一个世间存在之事物的系统，在对抗全球气候变化过程中与科学一样重要且必不可少。这就是证据。只有很少一部分艺术家才有此机会、特权和责任从这个层面改变世界。我们回头看林瓔在设计和建造越战阵亡将士纪念碑之时经历的困难，原来她的确已经为这个任务准备了很长一段时间。

“汇流”，2000—2017年

“汇流”这个项目由沿着哥伦比亚河谷分布的6个大型艺术/景观装置构成，为纪念路易斯和克拉克西行200年而建。华盛顿州邀请了三个当地部落——奇努克、尤马蒂拉和内兹佩尔塞——参与到这项具有历史意义的纪念活动中，同时与联邦、州县等各级官员保持密切合作。而这个合作组织认为我的参与会让这个地方的历史更具文化包容性。

开展项目研究的时候，我意识到如果将路易斯和克拉克的日记视作透镜，他们绝妙的文笔能将我们带回200年前，一瞥这片土地的过去。我没有把这两位探险家作为主角，而是从他们对场地的描述出发，深入发掘每一地块的历史。我将每个场地都视作不同文化、历史和生态的交汇点。一些地点对路易斯和克拉克来说意义非凡，一些对当地部落来说至关重要，另一些则具有生态意义。每一处都位于重要水道的交汇点，每一处都成为通过不同角度观察的落脚点。

与每一个部落建立直接互动是设计的关键之一。我们受邀进入他们的家园，并为之设计。就像一位部落长者所说：“路易斯和克拉克并不是发现这片土地，我们早已在这里。”而每一处原住民的积极参与，都整合进这次的艺术作品之中。

6个项目总共占地超过15 000英亩。这些分属联邦和各州县的土地多半规划混乱，自然景观被停车场和极不美观的设施掩盖，非本地的植物数不胜数。设计的主要目的是将参观者与土地重新联系到一起，重建每一地块的原生景观。

有时我设计的目标是“消失”，而不是增加一件艺术品。也就是说，我的艺术作品是消除原先的破坏，重建与环境的联系，让参观者重新开始发自内心地接触土地本身。

我原本构想的是设计7个场地（7这个数字在美国土著

文化中有非同寻常的意义），6个实体场地，一本书作为第七个场地。那是一本名副其实的书，将在项目完成之日进行书写。这本书一部分是地图，一部分是速写草稿，还有整个项目的相关资料和记录。它会为“汇流”项目画上圆满的句号，因为整个项目的源头是路易斯与克拉克探索此地的日记，看上去完成这个项目唯一适宜的方式就是回归与场地有关的书本。

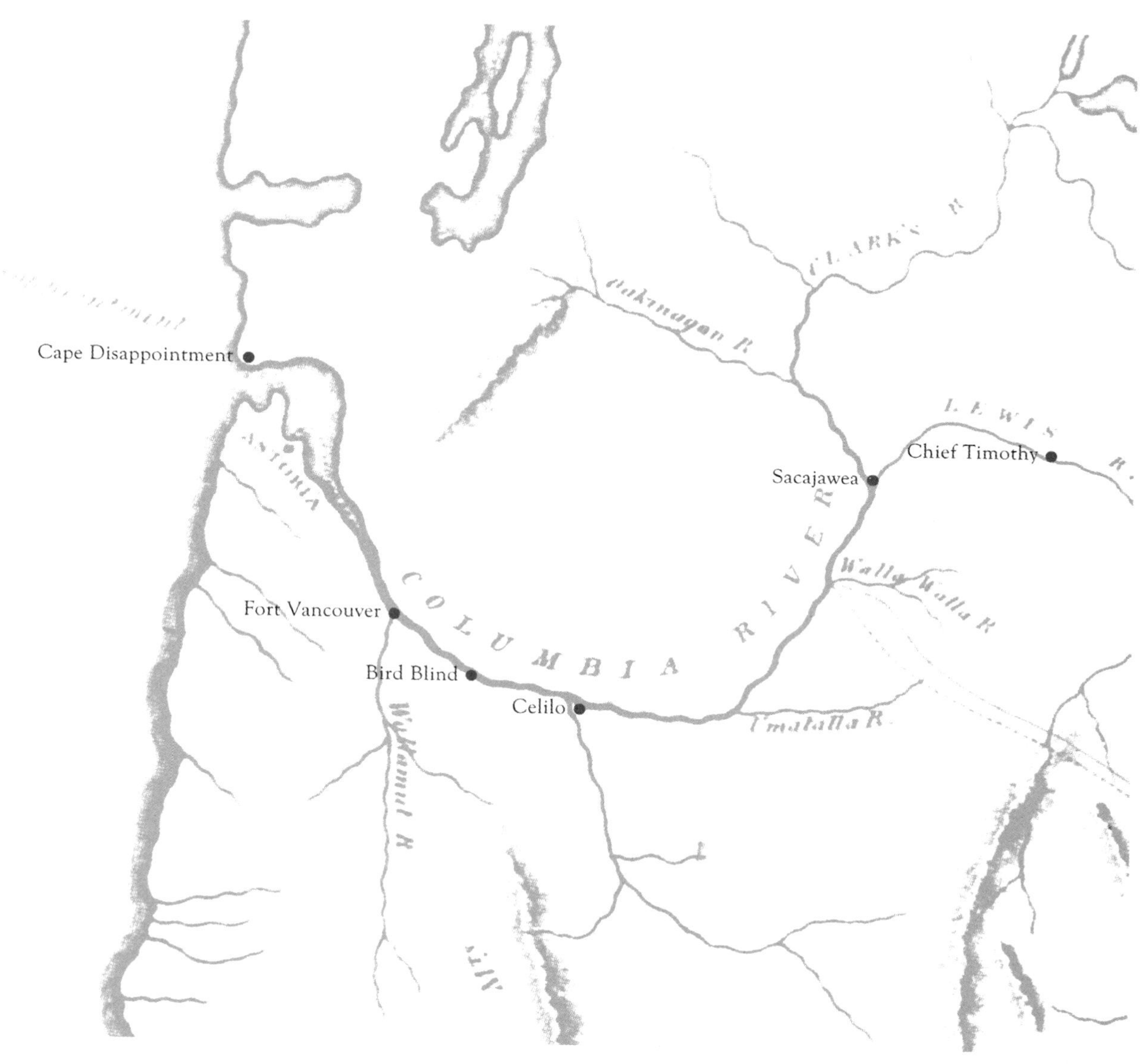

《D 岬》，华盛顿州伊尔沃科，失望角州立公园，2006 年

失望角是路易斯和克拉克抵达太平洋的地方。我决定将这里作为项目的起点，因为这里是他们两人西行的终点。这里是所有项目中最复杂的，因为这里有两个截然不同却同样鲜明的焦点：海洋和哥伦比亚河河口。不过看上去两处景观都已完全被停车场和休息设施遮挡住了，并且相关部门还有计划要将河口一侧的停车场面积翻倍。经过一番仔细勘察和基于对规划扩建规模的担心而开展的交通研究，公园服务机构最终决定减少停车位，我们则得以重建海滨草地和沙丘，将这片河口湿地变成更具有当地特色的草地景观。

步道木板铺向怀基基海滩，上面刻着路易斯与克拉克日记的节选，其中提到了两人在路途中遇到的每一个部落。人们这才意识到那时在美利坚的土地上生活着那么多部落。与这条步道并行的是一条更静谧的小路，由牡蛎壳碎片铺成，沿着玄武岩铸就的海岸线蜿蜒延伸，就像两个世纪之前一样，那时没有人造码头入侵自然景观。沿着这条路嵌入奇努克人的颂歌，200 年前，在路易斯和克拉克到达失望角的第二天，部落的一位成员演唱了这首歌谣。副歌部分是请求自然教导我们，给我们指引道路。这两条分岔的道路将两种截然不同的文化与自然的相关联的方式并置在了一起。

小路将人们带到一个由 7 根漂浮木围成的圆形场地，立起的浮木组成了树林，是海岸森林与沙丘草地汇聚之地。“7”这个数字代表了北美土著文化中的 7 个方位：东、西、南、北、上、下、中。

海湾一侧，很大一片停车场被移走，建起了可持续性景观，以便用自然的方式过滤风暴引发的径流。我们同时设置一座观景台，把人直接引向水边。一座玄武岩石桌代替了原来残破的鱼类处理池，这个石头的雕塑刻上了奇努克部落诞生的神话：一只鹰从一条被切开的大马哈鱼腹中飞出，飞到了附近的一座山上——这座山从观景台上也可以看到，鹰

在山上下了一颗蛋，蛋里走出了奇努克人的祖先。所以现在渔民在切鱼的时候，就能明白他们是在谁的家乡劳作。

《鸟窗》，俄勒冈州，桑迪河三角洲，2008 年

《鸟窗》是桑迪河大坝移除的见证，这一过程让桑迪河重新流回自然的河道。

占地 1500 英亩（约 6.1 平方千米）的公园完全被入侵的黑莓占领，人们无法从中通行。于是我们清除了这些入侵植物，小心翼翼地将其恢复为文献记载中的森林。我们还设置了一条长 1.2 英里（约 1.9 千米）的栈道，从停车场一直延伸到《鸟窗》。后者是一个椭圆形结构，材料来自当地出产的经久耐用的黑刺槐（这种硬木在西北部被看作入侵物种）。被竖向放置的木条刻上了路易斯与克拉克在他们的西行日记中记录的 134 个物种的名字与现状。它们当下生态状况的标注显示，这些物种中超过 35% 的种类已经灭绝或者濒临灭绝。

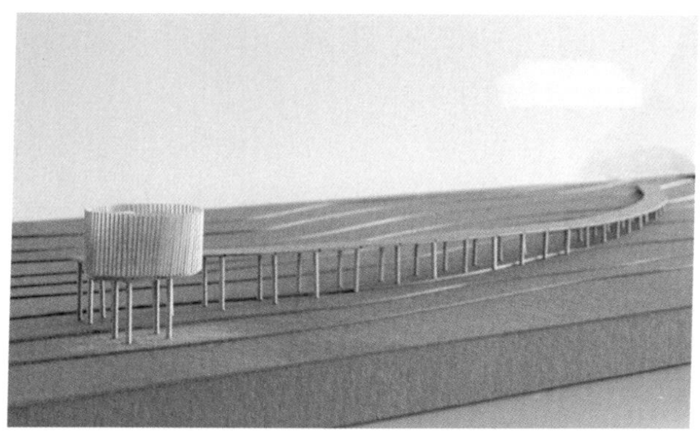

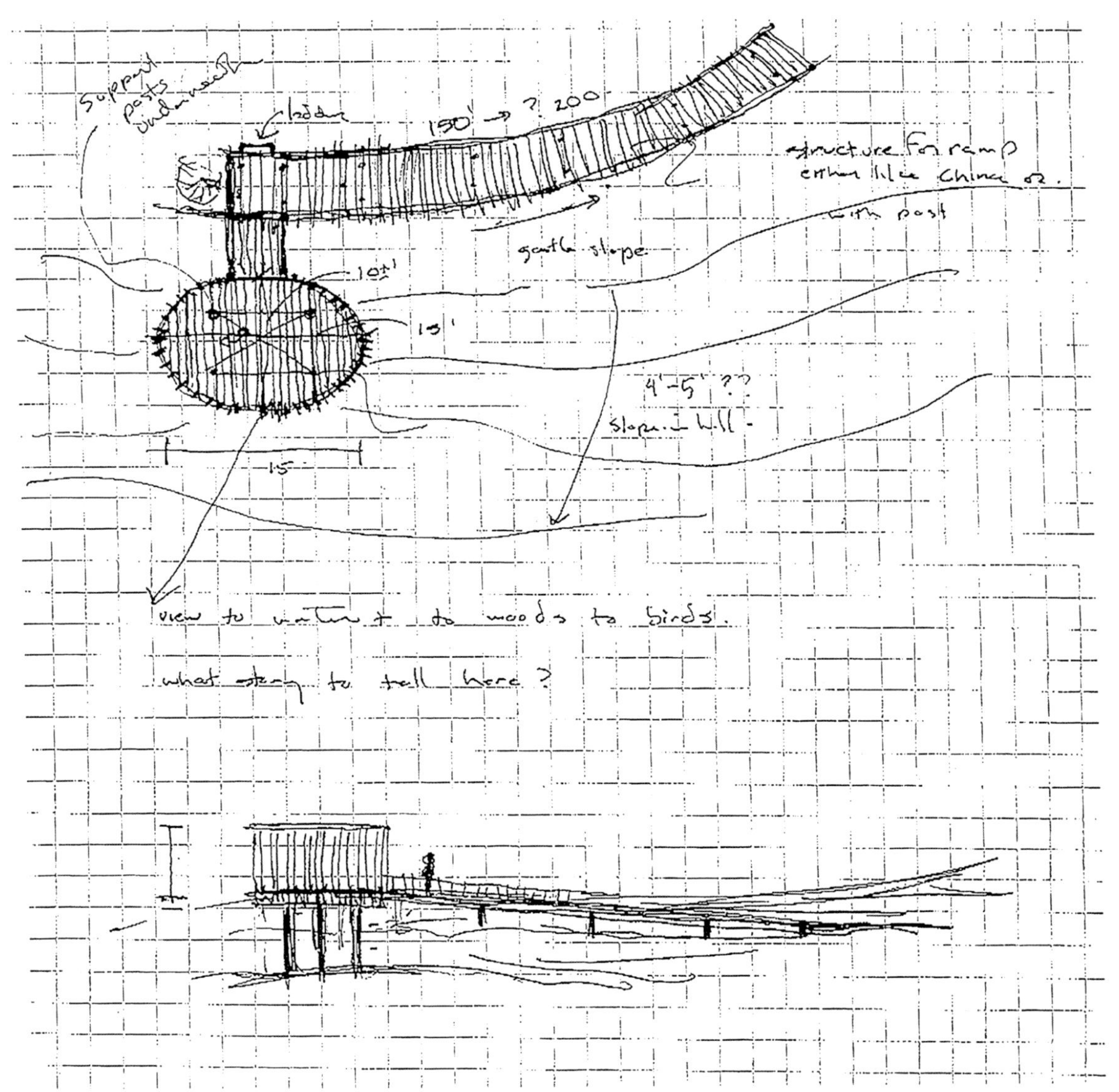
150' → ? 200
structure for ramp
either like China or
with post
gentle slope
10±'
15'
4'-5' ??
15
view to water + to woods to birds.
what story to tell here?

Species of concern
Species of concern
Rufus pallescens
Thomomys talpoides rufescens
Eremophila alpestris leucolaema
Haliaeetus leucocephalus
Colaptes auratus luteus
Bubo virginianus occidentalis

《故事环》，华盛顿州帕斯科，萨卡加维亚州立公园，2010 年

在斯内克河与哥伦比亚河交汇处，我创造了一系列抬升和嵌入地面的玄武岩故事环。虽然路易斯与克拉克的描述中几乎没有提到这个地方，但是几千年来它一直是这一地区部落居民至关重要的贸易地，因此显得格外重要。这些部落每一季都会穿越此地，或捕鱼，或采集植物，或者相互交换物品。

7 个切割出的玄武岩圆环散布在公园里，上面雕刻的文字选自部落的传说、路易斯与克拉克的日记，以及亚基马部落的长者有关当地传统的文化、语言、动植物、地理与自然历史的叙述。每一个圆环都生动描述了此地的不同方面：鱼的种类、采集的当地植物、交换的物品、当地的地质情况，以及关于此地由来的神话。最南端列出了所有经过此地的部落，这个列表刻在唯一一个非圆环的实体上。那是一个传统长屋的遗迹，是部落居民常用的山林小屋一样的聚会建筑。

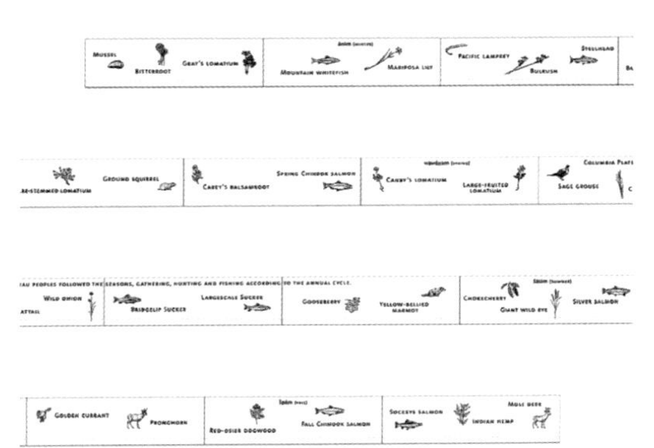

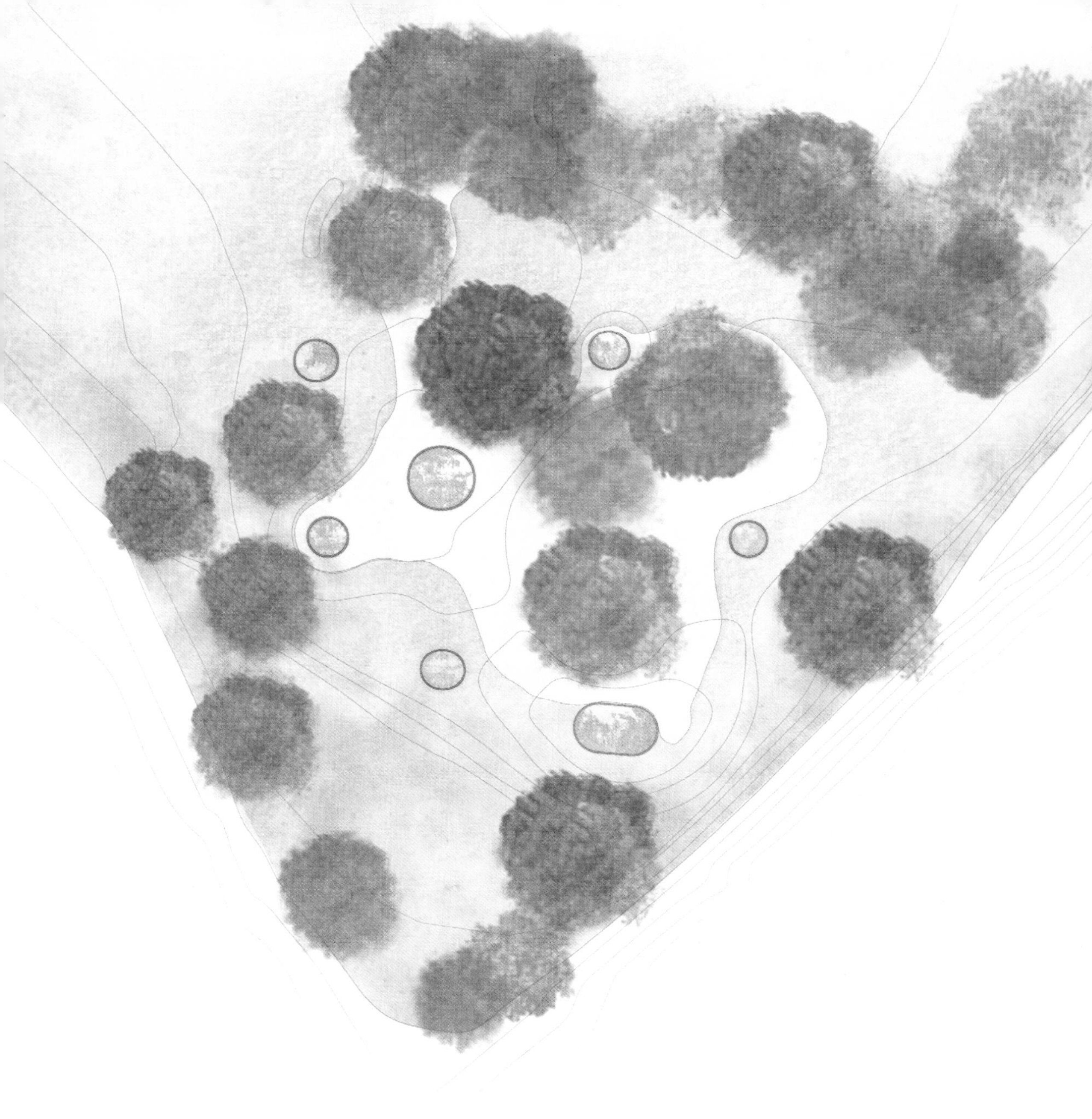

špám
RED-OSIER DOGWOOD

SOCKEYE SALMON
FALL CHINOOK SALMON

蒂莫西酋长公园，华盛顿州克拉克森，2015 年

蒂莫西酋长公园位于克利尔沃特河与斯内克河交汇处的一座小岛上，属于华盛顿州的克拉克森。这个公园是“汇流”项目中唯一一处仍维持 200 年前景象的地方，与路易斯和克拉克当年看到的一样。玄武岩组成的圆形剧场里，部分岛屿恢复了原本花草丛生的样子。这里将立起一座巨大的石砌艺术作品——《倾听之环》，勾勒出岛屿顶端自然形成的圆形露天剧场的轮廓。这个造型受内兹佩尔塞部落祈福仪式的启发。2005 年春举行的仪式上，女性朝北而坐，男性朝南，长者朝东，并且不允许任何人从长者身后经过。圆形露天剧场的形态以建筑的方式捕捉了当天的情形。刻在玄武岩座位上的文字不仅记录了仪式过程，同时描绘了路易斯与克拉克在此地看到的景观。

塞利洛公园，俄勒冈州达拉斯，2017 年

塞利洛瀑布是北美地区最大的瀑布之一，是西北地区部落的神圣渔场。几千年来，他们一直在这里以捕捉大马哈鱼和采集植物为生。

公园的设计是一个简单的弧形，悬浮在河岸边，这一想法是受了捕鱼支架的启发。1957 年瀑布被淹没之前，经常可以见到这种捕鱼支架。

沿着弯曲的平台刻上这个地方的历史，从最初的神话到地形描述，到土著居民和路易斯与克拉克，以及在此打鱼为生的居民的讲述。故事沿着平台延伸到三分之二处，以一份简单的事实陈述结束：瀑布消失在水下用了多长时间。达拉斯水坝建成了，接着归于沉寂。如今站在被水坝调控的平静水面旁，过去瀑布落下的声响已不再，只留下步道尽头的最后一句描述，记录了这个声音。

入口处的凉亭和广场更详细地描绘了塞利洛瀑布的历史。一座切割玄武岩地形浮雕标志着广场的边缘，同时展示了瀑布隐于现存水面下的地形层次。

《什么正在消失？》

想象这样一座纪念碑，它不是固定的、静态的，而是同时存在于不同媒介和不同空间之中。

《什么正在消失？》是我的第五件也是最后一件纪念碑作品，聚焦不同的物种和地方。如果我们不采取保护措施，它们将走向灭绝，而且很有可能在我们还存活的年月里消失。这件作品的形式，既有永久的雕塑，也有临时的多媒体展示；不仅如此，以视觉形式存在的 whatismissing.net 网站，成为整个项目的纽带。

20 年前我就知道，我将以关注环境的方式来结束整个纪念碑系列。从童年开始，人类这个物种的能力就给我留下阴影：我们能让整个星球的生命产生剧变。当前我们就面临物种与栖息地消失的危机，人类活动也引起了气候的变化，我想不出对人类和地球上的其他物种来说还有什么更大的威胁了。

我对纪念碑的兴趣多集中在我们这个时代影响深远的历史事件上：越战、民权运动、女性权利、北美原住民问题和环境。这些事件改变了我们这一代人。对我来说，这些纪念碑没有局限于悼念逝去，我反而把它们当作教育工具。之所以创作它们是因为我相信，如果我们能够准确地记住这些历史事件，那么我们就能从过去中学到更多，这样才能打造不同的未来。我更愿意把它们看作在公众面前摊开一本书，或号召人们聚在圆桌周围，或散步时听一个故事。尽管具有公共属性，这些作品更鼓励人们以个体的身份直接参与到历史事件中，与每一个个体进行亲密的、私人的对话。

每一座纪念碑设计都遵循类似的步骤：初始研究持续 3—5 年，然后开始形成一种理念，最终凝结为一个形状，一件静静地展示每个时期最简单的事实的作品。结论被无声地抹去——这么多年一直如此，让每一位观者自行得出结论；唯独《什么正在消失？》这件作品除外，它既是纪念碑又是宣传工具。

《什么正在消失？》是关于自然及我们同自然关系的一件作品，不仅强调我们在失去什么，同时展示我们实践的具体行动，

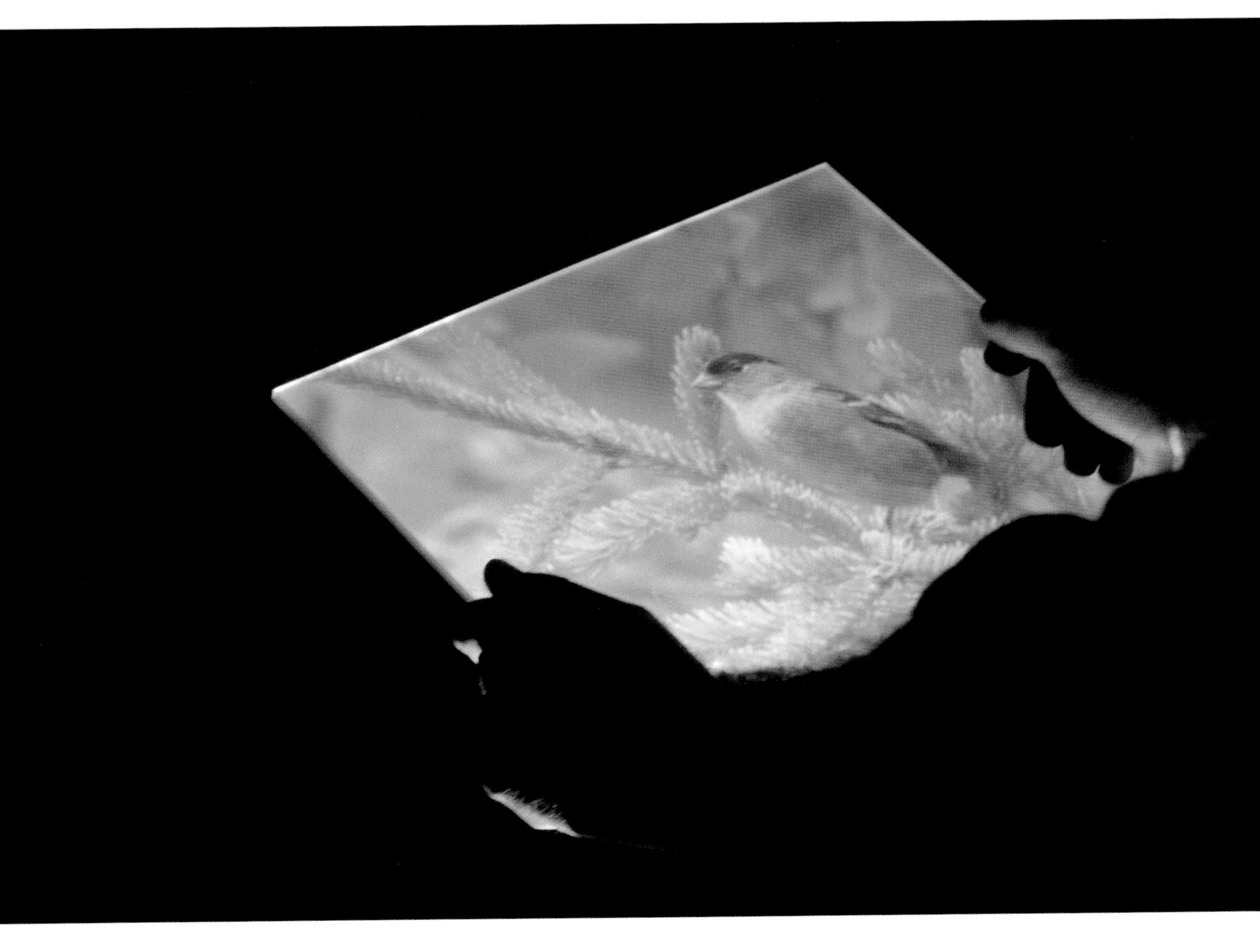

□ 《空房间》，中国北京，天安时间当代艺术中心，2009 年，临时装置

以新型宏观途径构想我们和我们星球的不同结果。

目前这个项目的重点研究进入第18年，过程中我不断公布项目进展。我在众人关注下建造这座纪念碑，并且不断回身反观。或许这不是创作一件作品最安全的方式，而且已经确定成为并且在将来也会是实验性的，因为我让整个过程自我生成：通过网站、装置和相关演讲，让其反复接受公众的检阅。它对我来说完全是自愿自发的，我成立了一个私人基金来维持它的运作。尽管我把它看作最后一座纪念碑作品，但是我将会一直为其工作到生命最后。

时间是《什么正在消失？》框架的重要部分，我以此为线索展现这个星球的生态历史：从过去到现在，再到将来。“记忆图”（过去）是展现过去地球物种丰富性的事实描述，同时邀请每个人在线添加自己的回忆。“保护行动”（现在）分享在保护领域采取的行动，提供环保组织的链接，突出它们取得的成绩和最大的保护成就，以及我们这个时代的环境灾难。目前我在创作最后一部分——“绿色印记”，展示我们如何能平衡自身和地球的需要。我相信艺术能帮助我们想象和规划可行的未来的可持续发展方案，如此才能给人们一种途径去展望不同的未来。我想人们已经被面临的问题击倒并感到绝望，不过《什么正在消失？》展示了每个人的行动都能带来积极的影响。

此外，网站（whatismissing.net）探索了纪念碑的去物质化形式。我一直将越战纪念碑看作一个纯粹的表面，而不是一件物品或嵌入地面的墙。那是一面黑暗的镜子，透过名字的反射能看到自己。那些名字变成了实物，将我们与墙内反射的阴影世界隔开。

《什么正在消失？》的网站展现了地球的生态历史，同时也是纯粹的表面和信息，时间是将其穿起的线索。每一个在线探索这段生态历史的人，都受邀贡献一段他们的个人记忆——亲身经历的自然界某种东西减少或消失的过程；如此，他们成了这个在线生长的集体纪念碑的一部分。

五分之一的哺乳动物
三分之一的两栖动物
八分之一的鸟类
三分之一的淡水鱼类

面临灭绝的威胁，人类对其栖息地的改变是最大的主因。
——世界自然保护联盟（IUCN）

物种的规模
物种丰富性
物种的寿命
动物自由迁徙的能力
过去后院常响起的鸟鸣
海里的鱼
动物在水下听与看的能力
海里的氧气
河流奔流到海的自由
地球本身
干净的水
清洁的空气
夜晚能看见星星
这个星球过去样子的记忆

无法意识到它在消失，又怎能去保护？

□ 《聆听圆筒》，旧金山加州科学博物馆，2009 年，旧金山艺术委员会委托设计

1492 年，海龟

克里斯托弗·哥伦布，加勒比海

“那 20 里格海域里，满满的全是海龟……数量如此之多，
以至于我们的船看上去是在海龟群里漫游，好像沐浴在海龟之中。”

卡尔·萨菲纳，《海龟的航行：追寻地球最后的旧日痕迹》，纽约：霍尔特出版社，2006，p188

1662 年，渡渡鸟

毛里求斯

“它们比鹅大，不过不会飞。它们没有飞行的翅膀，只有一对很小的襟翅，
但是跑得很快……我们抓住它的一只腿，它就会叫出声来，其他的渡渡鸟会来营救这只俘虏，
然后它们自己也成了俘虏。”——最后亲眼看见渡渡鸟的目击者描述

戴维·夸门，《渡渡鸟之歌：灭绝时代的岛屿生物地理》，纽约：克瑞斯伯纳出版社，1996，p273—274

1683 年，海豹

威廉·丹皮尔，胡安·费尔南德斯，智利

“海豹拥在这个岛上，挤挤挨挨地好像在这世界上没有别处可去；
没有一处能上岸的海湾或岩石不是挤满海豹的。”

威廉·丹皮尔，《环游世界的新航程》，伦敦：为 J. 纳普顿印刷出版社，1697，p88—89

1839 年，大象

威廉·康沃利斯·哈里斯，南非

“景观的整体面貌实际上是被野象覆盖……每一片高地和绿丘都点缀着象群，
每一个谷底都聚集了黑压压的一群……心灵瞬间被震撼并升华的画面。”

威廉·康沃利斯·哈里斯，《非洲南部的野生世界：由好望角出发的探险故事》，伦敦：约翰莫里出版社，1839，p203

1959 年，消失的蝴蝶

斯卡伯勒，加拿大，安大略省多伦多

“我注意到，我上次看到红小灰蝶是 40 年前。
这种蝴蝶，当我还是孩子的时候，常常将我家四周的花朵完全覆盖。”

罗宾·麦吉本

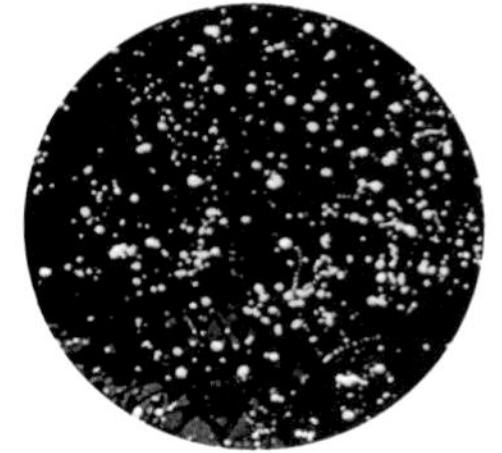

1999 年，萤火虫

韩国，首尔

“哪里都在失去萤火虫，也看不到星星。我们现在比以往更需要萤火虫，但是它们不在了，
它们在我们之前离开了这个受到污染的地方。把光明带回来吧。”

秀珠

“绿色印记”

“绿色印记™”将审视我们生活的方式、我们居住的地方，以及我们把钱花在哪里。它会浓缩我们的农业生活、城市和郊区生活的印记。它会检验我们的工业印记，同时将目光投向世界范围内最好的案例。这是一份生活指南，一份对充满希望的可持续的未来的展望：我们每个人都能做些什么，通过改变生活方式来保护和重建这个星球。

我们能做什么

追踪我们每一个人做的选择对环境是否有利；
从生产过程开始就将每件物品与气候变化、濒危栖息地及物种建立联系。

拯救地球的饮食

减掉 10 吨、10 磅，多活 10 年（还能拯救地球！）。
通过新鲜的幽默视角，我们展示了改变饮食和生活方式对环境的巨大影响，
我们也会因此变得更健康快乐。

假如……

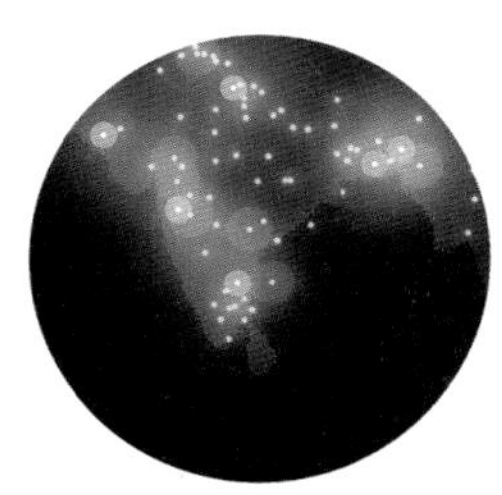

有时只要你能想到就能做到，绿色印记给我们希望。
通过形象的展示，帮助人们在面对环境问题时想得更多，看得更远：
从重新审视我们花钱的方式到思考资助的本质，问问我们自己，
如果我们资助对环境有利而不是有害的行为会怎样；
从展示通过重建栖息地来抵消碳排放的影响究竟该怎么做，
到按照曼哈顿的人口密度来安置全世界的人
（那么所占地域的面积不会超过科罗拉多州）。

绘制未来

一个基于网络的绘图计划将展示
改变一些行为如何对栖息地保护和气候变化产生巨大影响。
它鼓励我们采纳以上三个机构
（我们能做什么、拯救地球的饮食、假如……）的建议，
展望这些变化在全球的意义，同时强调没有唯一的解决方法，
我们的需求和地球的需求要通过多种方式去实现。

控制气候变化每年将花费 7000 亿美元
如下是我们的一些支出（单位：美元）

全球瘦身产业	3850亿
全球瓶装水产业	4000亿
全球麻醉药	4000亿
全球餐馆消费	1830亿
全球烟草	6810亿
全球酒精饮料	9460亿
全球军费	17000亿

推迟行动让我们每年付出 4.3 万亿美元应对气候变化带来的灾难：干旱、洪水、风暴、森林火灾、海平面上升、荒漠化和不计其数的死亡。

来源：世界经济论坛 2013 年报告；联合国 1998 年报告；CBS 电视网；埃利奥特 · R. 摩尔斯 2009 年文章；市场线数据；研究与市场；斯德哥尔摩国际和平研究机构 2011 年数据；DARA 国际机构 2012 年报告。图片来源：（左）摄影师斯迈利 · N. 普尔；（下）美国鱼类及野生动植物管理局——太平洋地区和摄影师早田先生。

是否可以重新审视我们的当务之急？
预估花费（单位：美元）：

预估花费（单位：美元）：

固碳种植	200亿
保护生物多样性	760亿*
恢复渔业	170亿**
保护耕地表层土	240亿
稳定地下水位	100亿
恢复牧场	90亿
抗洪种植	60亿
小　计	1130亿
所有人的供水与公共卫生	90亿
所有人的基础教育	60亿
妇女生殖健康	120亿
基础健康与营养	130亿
总　计	1530亿

——莱斯特 · R. 布朗的“备用计划3.0”

*斯图亚特 · H. M. 布察特等人，《花费和没有满足的需要》

**苏迈拉 · UR等人，《重建全球海洋渔场的收益超过支出》

我们的一些支出（单位：美元）：

日本的商务招待	350亿
全球宠物产业	810亿
欧美宠物食品	170亿
全球香水	250亿
欧美香水	120亿
欧洲冰淇淋	110亿
美国化妆品	80亿
欧洲酒精饮料	1050亿
欧洲烟草	500亿
全球巧克力	1020亿
全球麻醉药	4000亿
全球军费	17000亿
全球瘦身产业	3850亿
全球博彩	1440亿

——《消费与消费主义》，联合国1998年人权发展报告

美国纽约，中央公园
9 分钟内可被摧毁

英国伦敦，海德公园
4 分钟内可被摧毁

日本东京，上野公园
2 分钟内可被摧毁

德国奥伊廷，宫殿花园
1 分钟内可被摧毁

法国巴黎，战神广场
1 分钟内可被摧毁

丹麦哥本哈根，奥斯特公园
1 分钟内可被摧毁

如果森林砍伐发生在你的城市，
你能多快采取行动阻止它？

每分钟有 90 英亩（约 36 公顷）
雨林被砍伐

森林砍伐导致世界一半的
物种面临灭绝

全球 20% 的温室气体排放
系森林砍伐所致

我们不能让已被砍倒的树再立起来，
但是我们能在一开始的时候选择不砍树，
或者现在就种下一棵树

减少排放，孕育物种，
总的来说，种一棵树能挽救 2 只鸟

假如……

我们通过植树造林、恢复草地或湿地来抵消碳排放的影响?

我们资助对环境有利而不是有害的行为?

我们重新思考消费结构?

我们将城市、郊区和农业的拓展减至最少?

保卫地球也是一种保卫?

自然资源的价格不仅反映开采的成本,

还包含资源降解和消耗带来的社会成本和环境成本?

我们用风能和太阳能来发电?

那么这世界将会怎样?

通过保护和重建栖息地,我们既减少温室气体排放,

又能提供适宜的环境恢复和保护物种多样性,世界将会怎样?

为了后代的未来,保护地球和我们自己!

假如我们以曼哈顿的人口密度生活栖居，世界将会怎样？

我们只会占据一个科罗拉多州的面积。

我们是否可以想象一个平衡了人类需要与地球需要的未来？
我们能否想象这些灯光的其他排布方式？
75 万—100 万
100 万—500 万
500 万—1000 万
多于 1000 万

译后记 陈晓宇

很久之前就听说过林璎和她的作品，对我来说她一直都是一位遥远但有些亲切的艺术家。所以，我欣然接下翻译这本书的任务。

没想到的是，翻译的过程中，心情由最初单纯的激动变为发自内心的感动。每次打开文档开始工作都变成一个令人沉醉的过程，她的作品将我带入另一个世界，平静且安详。那个世界，一旦走进，就不愿抽身。就像巴赫的音乐，深入浅出，任何人在看到或听到的那一刻，就立刻被吸引，而后反复咀嚼简单的魅力。

《语言花园》是我个人最喜欢的一个章节。比起雕塑的理性和纪念碑的克制，我更喜欢林璎在“花园”系列中展现的活泼。第一次看到《阅读一座花园》这件作品，我想到了玛莎·舒瓦茨的《面包圈花园》。同样是充满趣味的体验，舒瓦茨表现的是流行文化，林璎则分享了她与哥哥林谭的童年。哥哥的诗句被打乱，散落在园中各处，好像小时候迫不及待地拆开一包字母饼干，结果用力过猛，散落一地。水池倒影的巧妙设计，更体现林璎细腻的心思，从中能感受到两人在俄亥俄度过的日子，充满了快乐。

相信每一个翻开这本书的人，都会被它打动。

我以为这种魅力仅存于作品中，没想到它渗入了我的生活。如林谭所说，林瓔的作品“调整我们的自我意识，以此改变我们所处的环境”。第一次有这种感受，是我在平板电脑上研究多瑙河的时候。为了了解它流经的国家，我在平板上不断拖动地图，手指随着流向不断移动，我突然感受到它的流动。手指也好，金属也好，大头针也好，沿着河流的流向，向前推进，有时平缓，有时湍急；有时转成支流，有时停留变成湖泊。林瓔用回收银和大头针绘制河流，不就是创造同样的感受吗？

又有一次，我站在房间里向外看。现在的很多高层楼房留有许多可以看见但没法进入的废弃空间。进入我视线的是堆满建筑垃圾的平台。卫克斯那艺术中心的平台就幸运得多，林瓔用碎玻璃在那里堆出一个个花园。你可以把它们看作大地，看作海洋，但绝不会是垃圾场。玻璃也是回收的，“废弃物 + 废弃空间 = 景观”，又一次观念的扭转。

还有一次，在林瓔工作室的网站上看到一件作品。看缩略图的时候，以为就是一件赏心悦目的小型雕塑，点开来才发现是彩色塑料瓶盖粘成的球体。这是化腐朽为神奇啊！其实不是只有大师才有这种能力，林瓔用她最后一座纪念碑作品告诉我们，每个人都能做些什么。在我们以为垃圾就是垃圾、河水就是混浊的、空气就是雾霾的时候，《什么正在消失？》提醒我们过去的美好，鼓励我们，如福克斯所说：“在与失望斗争，与‘乡痛症’带来的无力感斗争，与我们心中的悲观斗争。”于是，我坚持将垃圾分类，不随意丢弃；穿旧的衣服或转为他用，或投入回收箱。我们所有的一切都是从自然中取得，物尽其用是对自然的尊重。对自然的不敬已经让我们吃尽苦头，不是吗？

林瓔的文字，同她的作品一样，简单平实却充满魅力。后期审稿，多次阅读，字里行间不时跳出对作品新的理解。可以说，她的文字同艺术作品一样，值得反复玩味。

林 璎 语 录

我知道你在看到我的作品时，你会哭。
不论你们怎么看我的作品，
只有每个人在看到这些作品时油然而生的切身感受，
才是最终的评断标准。

我的父母来到这个国家时一无所有，
但作为教育家，他们深知教育的重要性。
我知道，如果我的父亲在世，
他一定会同我的母亲一样为我而骄傲。

特别感谢多年来给予我帮助的助手们：McKenna Cole, Camila Morales, Maia Lynch, William Russell, Joseph Escobar, Jaclyn Shark, Maya Alexander, Nora Chovanec, Nicholas Croft, Fiona Booth, Philip Glenn, Jeana Malick, Leah James, Dana Karwas, James Cabot Ewart, Amy Helfant, Corinne Ulmann, Devyn Osborne, Jonathan Powell, Katie Commodore, Ahti Westphal, Carl Muehleisen, Patri Vienravi, Raven Hardison, Molly Saguto, David Crandall, Lisa Pauli, Josh Uhl, Erin Sonntag, Janette Kim, Sherry Shieh, Sarah Wayland—Smith, Nicole Pillorge, Maria Camoratto, Stas Zakrzewskl, Jonsara Ruth, Tanya Chan, Florencia Kratsman, Barbara Lilker, Kelle Brooks, Jean Pike, Andy Berman, Clay Miller, Bruce Irwin, Kathy Chia, Jane Sachs, Trout & Ranch.

PHOTOGRAPHY CREDITS

Mary Ellen Bartley: 117, Nicholas Benson: 269, Bruce Botnick: 270 (bottom), 273, 274, 275, Michael Burns: 390, Dean Burton, courtesy Nevada Museum of Art: 221, Colleen Chartier /ART on FILE: 92, 129, 130, 131, 166, 168, 174, 173, 170, 171, 178, 278, 387, 391, 392, 393, 400, ColleenChartier & Maya Lin Studio: 388, Gordon R. Christmas, courtesy Pace Gallery: 152, Matthew E. Clowney: Endpapers, William Covintree: 61,215, 216, 218, Rose Marie Cromwell: 103, 107, 109, 240, 250, 253, 256, 260, 261, 265, 268, Bruce Damonte Photography: 414, John de Wolf: 17, Tom England, Courtesy SPLC: 233, Kevin Fitzsimmons, Wexner Center: 111, Pablo Gómez, courtesy Ivorypress Space: 213, David Hartley Mitchell: 48, 50, Masahiro Hayata: 421 (bottom left), Derek Hayes Map: 385, Robin Hill: 62, 64, Eduard Hueber: 357, 359, 361, Tim Hursley: 314, 317, 319, 325, 327, 328, 329, 330, 331, Dapeng Juan: 138, 140, 141, Michael W. Klein Sr., U.S. Fish and Wildlife Service: 419 (butterfly), Balthazar Korab: 57, 58, 286, 287, Christopher Lark: 29, Library of Congress: 23, 25, Tan Lin: 258, 259, Eric Lubrick, courtesy Indianapolis Museum of Art: 124, 125, William MacLean: 86, 89, Gary Mamay, courtesy Parrish Art Museum: 209, 211, Jim Maragos, U.S. Fish and Wildlife Service: 395 (bottom right), Pablo Mason: 133, 135, 136, 137, Maya Lin Studio: 2, 24, 46 (top), 47, 53, 55, 67, 77, 85, 91, 105, 119, 121, 122, 123, 127, 147, 165, 176, 177, 197, 222, 229, 234, 235, 251, 254, 255, 258, 259, 263, 270 (top), 271, 246, 281, 288, 289, 297, 298, 313, 321, 323, 333, 339, 354, 360, 363, 364, 365, 366, 367, 394, 395, 398, 399, 404, 405, 407, 408, 409, 411, Matthew McFarland: 292, Kerry Ryan McFate, courtesy Pace Gallery: 163, 191, 199, 203, 204, Norman McGrath: 236, 239, Bob Meador: 374, 396, 397, Tim Merritt: 295, Maegan Moore:403, NASA' s Earth Science Data Systems Program: 223, National Parks Service: 28, The Natural History Museum, London: 416, Alexander Nesbitt: 266, 267, Ngoc Minh Ngo: 282, 284, 285, 334, 336, 337, Anders Norsell, courtesy Wanås Foundation: 78, 80, 83, John O' Hagan, courtesy SPLC: 231, Eric Philcox: 179, Tom Powel, courtesy Henry Art Gallery: 180, Robert Reck: 113, 115, Ken Richardson: 369, Victoria Sambunaris: 20, 30, 32, 226, Eric Schiller: 349, 351, 353, 355, Brett Schreckengost: 302, 341, Courtesy Shantou University: 300, 301, Christopher Smith: 143, 144, 145, David Smith, courtesy Creative Time: 415, Jackson Smith, courtesy SECCA: 183, 185, 186, 188, 189, Courtesy SPLC: 232, Courtesy Storm King Art Center & Pace Gallery: 46 (bottom), 192, 194, 195, Jerry Thompson, courtesy Storm King Art Center: Book Jacket, 36, 68, 70, 73, 193, Jerry Thompson & Maya Lin Studio: 75, Topos Graphics: Index/Timeline, Milton Van Dyke, An Album of Fluid Motion: 52, Peter Vanderwarker: 370, 371, 373, Paul Warchol Photography: 342, 343, 345, 346, 347, Wendy Watriss: 35, What is Missing? Foundation: 416, 425, What is Missing? Foundation, collaboration with @RadicalMedia: 422, 423, Stephen White, courtesy Pace Gallery: 201, 206, 207, 224, 225, WikiCommons: 54, 66, 162, 190, 406, 423, 420, 421 (top), Peter Wong: 149, 150, 151, William Zbaren: 290. Additional photographers featured in Index: Henry Arnold, King Au, Aveda, Marion Brenner, Carnegie Museum of Art, Rosa Esman Gallery, FAPE, Gagosian Gallery, Barry Halkin, Richard Lowsch, Dwight Primiano, David Regen, Salon 94.

林璎和出版商大力感谢内华达艺术博物馆对本书的大力支持。2009 年博物馆成立了艺术与环境中心，一个得到国际认可的机构，致力于推动人与自然、建筑和虚拟环境的互动的实践、研究和认知。其重要馆藏包括迈克尔·海泽、沃尔特·德·玛丽亚、土地用途研究中心和火人节等的记录、草稿和模型，以及 600 多位艺术家散布在世界七大洲的作品。每隔两年，中心会在内华达艺术博物馆组织面向大众的艺术与环境论坛。www.nevadaart.org

Donald W. Reynolds Center for the Visual Arts | E. L. Wiegand Gallery

约翰·麦克菲（John McPhee），作家，1963 年开始为《纽约客》撰稿，1975 年开始在普林斯顿大学教授写作。

迈克尔·布兰森（Michael Brenson），艺术史学家、评论家、策展人，曾专职为《纽约时报》供稿，在纽约当代艺术博物馆、美国国家美术馆、古根海姆博物馆等地进行演讲和举办艺术座谈会。

威廉·L. 福克斯（William L. Fox），内华达艺术博物馆艺术与环境中心总监，艺术评论家，科学作家和文化地理学家。

保罗·戈德伯格（Paul Goldberger），著名建筑评论人，普利策奖得主，《名利场》特约编辑，曾于 1997—2011 年担任《纽约客》的建筑评论家，撰写该杂志著名的“天空线”专栏。

菲利普·朱迪狄奥（Philip Jodidio），著名建筑类书籍作者，曾担任法国艺术杂志《艺术知识》主编超过 20 年。

莉萨·菲利普斯（Lisa Phillips），纽约新当代艺术博物馆馆长，策展人，作家，曾在惠特尼美国艺术博物馆从事策展工作长达 23 年之久。

达娃·索贝尔（Dava Sobel），著名科学类内容作家，曾任职于《纽约时报》，后为《纽约客》《发现》《生活》*Omni* 等杂志供稿。

林谭（Tan Lin），诗人、作家、制片人，林璎的哥哥。

图书在版编目（CIP）数据

雕刻大地 /（美）林璎（Maya Lin）等著；陈晓宇，奚雪松译 .-- 长沙：湖南文艺出版社，2020.9
书名原文：Maya Lin: Topologies
ISBN 978-7-5404-9762-0

Ⅰ. ①雕… Ⅱ. ①林… ②陈… ③奚… Ⅲ. ①建筑设计—作品集—美国—现代 Ⅳ. ① TU206

中国版本图书馆 CIP 数据核字（2020）第 141242 号

《林璎的拓扑变换》：俞孔坚
序　　言：约翰・麦克菲
撰　　文：林璎、迈克尔・布兰森、威廉・L. 福克斯、保罗・戈德伯格、菲利普・朱迪狄奥、莉萨・菲利普斯、达娃・索贝尔
索 引 图：林谭

上架建议：艺术・建筑

DIAOKE DADI
雕刻大地

作　　者：［美］林璎 等
译　　者：陈晓宇　奚雪松
出 版 人：曾赛丰
责任编辑：刘雪琳
监　　制：吴文娟
策划编辑：李甜甜
版权支持：姚珊珊
营销编辑：闵　婕　杨秋怡
装帧设计：梁秋晨
出　　版：湖南文艺出版社
（长沙市雨花区东二环一段 508 号　邮编：410014）
网　　址：www.hnwy.net
印　　刷：北京中科印刷有限公司
经　　销：新华书店
开　　本：770mm × 1060mm　1/16
字　　数：215 千字
印　　张：27
版　　次：2020 年 9 月第 1 版
印　　次：2020 年 9 月第 1 次印刷
书　　号：ISBN 978-7-5404-9762-0
定　　价：225.00 元

若有质量问题，请致电质量监督电话：010-59096394　团购电话：010-59320018

编索引图的人知道，一份索引图就是一条迂回的捷径。诗人则会说，索引图不够直观。你现在看到的本书的索引图，以相近的颜色为线索，间接地以时间和空间为构架讲述了一个故事。为了减少迂回，这份索引图提取了林瓔的65件作品的颜色，让它们沿着两条坐标轴分布。低处的那条横轴按创作年代绘制了1982到2015年的作品的序列，左边纵向的数值则准确标示着作品的海拔，4—1070英尺（约1.2—326米）。

图中的颜色是一种建构物，它的活泼恰如其分，让人去想象林瓔的作品。作品的主题和建筑材料划定了共享的，且常常未经检验的界限——存在于场地与事物、内与外、语言与世界之间的界限。

英语map一词源自拉丁语mappa mundi，字面意思是片状世界。总体上看，林瓔的作品可以说采用了地图的概念，呈现为与当地历史文化紧密相连的地形构造或地貌。她的很多作品——针河绘画、斯托克斯波场、各种水体、雕刻的地形图、月相，以及沿着哥伦比亚河分布的雕塑和其中文本设计的介入——既是地图，又是雕塑化的实体或雕塑本身。它们与场地紧密相依，一丝不苟地描述场地；也定位我们自身，成为所处环境的一部分。

色彩是信息，它是多维的。这份索引图将数据组成景观，给数据染色，且打上时间的烙印，就像地球和它的构成材料一样。林瓔的作品为世界的色彩建起了雕塑化或建筑化的坐标。在这个世界里，色彩像索引图一样，标记一座山、一片波场、一种灭绝的鸟儿、淡水与海水、天上的湖、2×4、里海、银泼出的河、普莱西德湖的蓝色花岗岩、马唐草、风挡玻璃、来自印度的黑色花岗岩，以及哥伦比亚河岸的塞利洛瀑布捕鱼台。

林谭